情绪疗愈

Emotional Healing

许皓宜——著

北京理工大学出版社
BEIJING INSTITUTE OF TECHNOLOGY PRESS

版权专有　侵权必究

图书在版编目（CIP）数据

情绪疗愈 / 许皓宜著. —北京：北京理工大学出版社，2019.10
ISBN 978-7-5682-7500-2

Ⅰ.①情… Ⅱ.①许… Ⅲ.①情绪—自我控制—通俗读物 Ⅳ.①B842.6-49

中国版本图书馆CIP数据核字（2019）第180672号

出版发行 /	北京理工大学出版社有限责任公司
社　　址 /	北京市海淀区中关村南大街5号
邮　　编 /	100081
电　　话 /	（010）68914775（总编室）
	（010）82562903（教材售后服务热线）
	（010）68948351（其他图书服务热线）
网　　址 /	http://www.bitpress.com.cn
经　　销 /	全国各地新华书店
印　　刷 /	三河市冠宏印刷装订有限公司
开　　本 /	889毫米×1194毫米　1/32
印　　张 /	7.75
字　　数 /	137千字
版　　次 /	2019年10月第1版　2019年10月第1次印刷
定　　价 /	46.00元

责任编辑 / 李慧智
文案编辑 / 李慧智
责任校对 / 刘亚男
责任印制 / 施胜娟

图书出现印装质量问题，请拨打售后服务热线，本社负责调换

自　序

摆脱情绪寄生，找到好好活着的理由

我们一生都在和自己的情绪搏斗。

情绪愤怒时，要控制好自己，不要伤到所爱的人。

情绪低落时，要想尽办法走出谷底，寻找好好活着的理由。

很多时候，情绪积累在心中，如影随形的感觉，胸口像着了一团火，既没有人可以看见，也没有人可以代替，更不会理解，这是种与自我情绪共存的孤独。

情绪在每个人身上，以一种独特的形式存在，以千奇百怪的模样影响我们的人生。你、我，皆是如此。

深刻地爱着，却无法感受被爱

初入心理咨询师的第一年，身为大学生的辅导老师，我在会谈室中，时常因为听到对方的生命故事而忍不住落下眼泪。某天，一位女大学生见状，忍不住问我："老师，我的故事是不是真的那么可怜？"这个问题启发了我，使我从心里体验到，原来透过别人的故事，扰动的竟是我们心底自以为早已遗忘的情结。

于是我投向深度心理治疗，心里想着，要陪伴那些不曾被父母好好对待的孩子，倾听隐藏在他们内心的不平之音。然而，我发现，那些不曾好好对待孩子的父母，大多也有着令人心碎的童年，或无法言说的婚姻困境。

我看到父母与孩子，丈夫与妻子，在各自的立场上深刻地爱着，却因无法感受被爱而痛苦挣扎着。我突然发现，原来我们所处的世界竟是如此用力地要将是非对错截然划分，好像非得找到明确的黑与白，人们才能给予自己一个交代：是你对不起我，所以，我终于可以离开你了。

是吗？那些对不起你的人，你真的能够离开他们了吗？

那些你对不起的人，你就真的一辈子欠他们吗？

经过这么多年的临床工作与自我分析后，我终于明白，不管我们的人生发生什么，真的都是"命"。

而所谓"认命"，不是说我们什么都不做，站在那儿束手就擒，而是实实在在地去"认识"：每一种"命"，都是为了让我们从中淬炼出属于自我的独特的美好。

那些愤怒与失落、遗憾与忧伤……

我想起曾经有个年轻人告诉我，他从小被妈妈毒打，长大以后，对妈妈非常怨恨，觉得自己童年遭受虐待，所以一直活得不快乐。

如果用"好坏"来形容这段往事，我们或许很快就能下判断说：这真是一个坏透了的妈妈和一个好可怜的小孩。

但是，我们再仔细想想，就会发现这个孩子之所以痛苦，是因为他不理解：为何妈妈要这么残忍地对待自己？

那么，这个妈妈到底为什么这样虐待自己的孩子呢？

年轻人想了又想，开始谈起父母刚结婚时的往事：爸爸的家庭非常传统，所以妈妈婚后的处境并不好过，有时煮饭不如婆婆的意，就被婆婆在众人面前斥责；并且，因为是和许多亲戚住在一起的大家庭，妈妈洗澡时常会听到小叔们站在浴室门口谈天说笑。他说："母亲活得十分压抑，没有自己的生存空间。"

谈到这里，对年轻人来说，虽然仍未理解"妈妈为何要毒打我"，但他却逐渐体会到，"妈妈嫁给爸爸后生活很辛苦"。

于是，我不断引导这位年轻人积极地去联想：那些盘旋在他脑海中的未知和已知之间可能有什么样的关联和意义。

某天，年轻人告诉我：或许妈妈结婚以后受了很多委屈，所以她没办法成为一个好妈妈，以致把自己受的气都出在孩子身上，变成了一个会毒打孩子的妈妈。

过了一段时间后，年轻人又告诉我：一个在传统家庭中，对环境既陌生又无法适应的母亲，心里想必有很多说不出的无奈。虽然，她这样毒打小孩是不对的，但或许正是这样的行为让她有了发泄情绪的通道，才得以好好地活到现在。

年轻人为他被打、被虐待的童年，找出了一个非常重要的生命意义：或许，这件发生在他生命中的"坏事"，让一个在传统家庭中地位卑微的女性"活了下来"。

我们谁能保证，如果当年的他硬要在"妈妈活着"和"妈妈不要打我"之间做一个选择的话，他不会选择"妈妈不要打我"呢？

为自己的"命"找到一个能够安放的"意义"之后，困扰年轻人多年的痛苦，终于转变成一股淡淡的哀伤，存放在他内心的记忆盒子里。然后，他拿起那些因不愉快的童年而长出的独立与坚强，勇敢地面对他未来的人生。

原来，"情绪"对我们的生命而言，是如此重要的存在，透过那些愤怒与失落、遗憾与忧伤，我们才得以认识自己潜在的力量。

人，唯有懂得觉察自我，才能学习"好好活着"。

懂得如何选择，懂得活出自由

我在多年临床工作中发现，当自我的觉察力开启时，与"人"有关的回忆会一点一滴地从我们内心深处浮现出来，而觉察力开启的早期，我们的关注点很容易放在"为何他要这么对待我"的执着上，最后让自己陷入更深的痛苦，或是更无力的关系纠葛中——我将这种心理机制，统一命名为"情绪寄生"。如此一来，我们便容易忽略"我为何让他这么对待我"的思考。长久下来，虽然觉察力开启了，方向却搞错了，这样反而让我们觉得生活更加有挫折感。

本书从"自我觉察"开始，到"人我关系""问题解决"，以相关的心理学理论为脉络，理出三十四个情绪效应，以及我本人在长时间接受精神分析治疗后，重新理解过的生命故事。之所以用"情绪效应"来形容这些概念，目的在于让读者不要执着于心理学理论的学习，而是能进一步思考这些心理机制对我们生命的震荡与影响。书中除了我身上所发生的事与真实情境相符外，其余人物故事皆已大幅改写。

我的人生，有我与他人发生的恩怨，我想，你们身上也有你们与他人发生的故事。对我而言，整理过往不是为了重提伤害，而是让自己更懂得如何选择，更懂得活出自由。

以一个过来人的经验，我想说的是：不管你的人生遇到过多少事，等到你对它们有了不同层次的理解，你就重新获得了自由。

目录 • Contents

Part 1
情绪，解读世界的方式

01 **哈哈镜效应** 专属于自我的情感逻辑 …… 003

02 **自我中心效应** 想象自我的重要性，可能导致灾难 …… 010

03 **时空冻结效应** 以为周围的人和事物不曾改变 …… 015

04 **柔焦效应** 美化过去，变成无法忘怀的记忆 …… 023

❖ 当你成为情绪寄生的宿主时，应该知道的八件事 …… 027

Part 2
情绪，在人我之间

05 **刺猬效应** 刺伤彼此，是为了学习适当地靠近 …… 031

06 **余光效应** 希望仍在，所以情难了 …… 037

07 **添加物效应** 在关系中，你放了什么毒？ …… 044

08 **复制效应** "爱·无能"，在代间传递 …… 050

09 **分离效应** 感觉失去，才懂得珍惜 ······ 057

10 **地雷效应** 对你爱恨交织，所以进退两难 ······ 065

11 **镜像效应** 在你身上，看见某部分的自己 ······ 071

12 **寄生效应** 把我的情感张力，寄托于你 ······ 077

13 **稻草效应** 当我对你忍无可忍时 ······ 085

14 **融合效应** 其实是为自己，而不是真的为你 ······ 091

15 **透视镜效应** 我知道你心里，就是这样想的 ······ 098

16 **反向效应** 用相反行为，来掩饰真实感受 ······ 104

17 **眼盲效应** 看见想看见，听见想听见 ······ 109

18 **西瓜效应** 我们都只是为了生存而已 ······ 116

✦ 亲密关系中最决绝的八句话 ······ 121

Part 3

情绪，一个好不容易生存下来的我自己

19 **早熟效应** 没有当够小孩，就被迫长大 ······ 125

20 **逆反效应** 为喘不过气的生活，寻找一个出口 ······ 132

21 **退化效应** 与现实不符的内在心理年龄 ················ 139

22 **污点效应** 自我惩罚，那些不是自己犯下的错 ············ 146

23 **身体化效应** 情感污名化的后遗症··················· 151

24 **否认效应** 想证明，创伤已经过去 ·················· 156

25 **恒定效应** 即使过得十分糟糕，也拒绝改变现状 ············ 163

26 **自怜效应** 用可怜自己，来变得强大 ················· 169

27 **俄狄浦斯效应** 压抑和平反的力量··················· 176

✤ 面对逐渐老去的父母，八件不要做的事 ················ 182

Part 4
情绪，感受并持续活着

28 **关键词效应** 关注你我内在的共通主题 ················ 187

29 **悬置效应** 原来，只是时间还没到 ·················· 193

30 **闷烧锅效应** 时候到了，就应该打开 ················· 201

31 **未完成效应** 那些没有句点的遗憾 ·················· 207

32 **浮萍效应** 不理会的忧郁，终将积累成疾 ··············· 214

33 时光机效应 明白情绪往往不只是当下感受而已 ……………… 221

34 涟漪效应 心怀一份感恩，好事也跟着发生 ………………… 227

✤ 重建安全感，可以做的八件事 ……………………………………… 232

Part 1
情绪，解读世界的方式

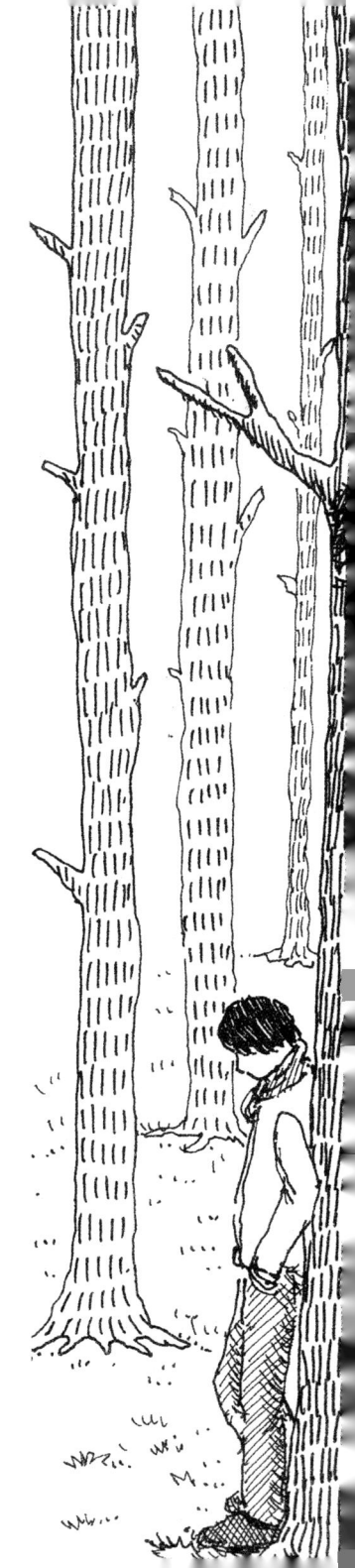

和情绪对话

哈哈镜，靠着凹凸不平的镜面聚光与反射，

映照出眼前失真的物体。

镶在你我心头的那面哈哈镜，童年时期聚光力最强——

喜的怒的哀的乐的，幸福的与令人不安的感受，

寸寸打磨，变成个人专属的镜面弧度。

我们看待世界的情绪基调，由此而生。

扭曲的世界，也因此而生。

01 哈哈镜效应
专属于自我的情感逻辑

听闻台中市高美湿地是小孩玩耍的好去处,那天,我特地起了个大早,为年仅三岁的女儿换上一身轻便的衣服,由我先生驱车南下,想赶在夕阳西下前踏上高美湿地柔软的沙滩。

高美湿地的奇幻一点也没让我失望,阳光照射在海浪上,海水褪去后的泥沙露出一坑一谷的小洞,仔细一看,一只只招潮蟹如千万大军,背着身上的壳正往前奋力迈进,模样真是可爱极了。

我兴奋地拉着女儿往沙滩奔去,脱光脚丫渴望着与那片生态联结。亲爱的招潮蟹,是城市里面见不到的风景。

身旁的三岁小娃却大声啼哭起来,精神抖擞的招潮蟹大军在她眼里就如丑恶的鬼怪。她越看那群"妖魔"向我们逼近,越吓得往我怀里钻,想为自己寻找一个安全角落。

女儿这种不同于寻常小孩的反应引我陷入沉思。我知道女儿一向害怕所有陌生大人，最早，是从害怕男老师开始。接着，我又发现她连陌生小孩也怕。有一次我们带着她和朋友一家一块出游，一群孩子玩了大半天，行程结束前大家熟稔地凑在一起拍照留念，只有女儿一人怯生生地躲在我身后。

我从没想过女儿竟会如此敏感、脆弱，我时常看她将枕头一个个左右交叠，围成一座圆形的孤单城堡，而她瑟缩着身体坐在城堡里，编织着别人无法理解的心境。

过去那些不曾被好好安抚的情感

女儿在高美湿地上的哭闹让我有些不知所措，我理智上的批判力因此陷入疲乏。但理智功能低落时，情感上"自我观察"的条件却因此形成了。

首先我抱着女儿逃离招潮蟹大军，尽管心里有一些不舍。当我想要安慰女儿时，一句话突然从脑海深处跃了出来："是什么让女儿怕成这样？"女儿初见招潮蟹难免感到害怕、陌生，但她却不像其他沙滩上的孩子那样，对它们表现出好奇。于是我问自己："是什么让她怕成这样？"

这句话让我停住脚步，更多的想法不断地闯进脑海。我想起平时在我面前将自己关在孤单城堡里的女儿，或许她心里是十分不安的。那么，是什么让她变得如此不安？

仔细想来，可能是由于我与我先生曾经反复争执的画面让她感觉害怕。我想起那个躲在一旁看着两位不停争执的大人，那个不知所措的小女孩，她逐渐长大了。看着此刻因害怕招潮蟹而躲进我怀里的女儿，我不禁想到她过去面对父母争吵的那些时刻，她也是像现在这样害怕吗？我努力想要想起女儿当时的表情，可怎么也想不起来。或许是因为当时我们都困在自己的情绪里，忽略了孩子的反应。

想到这里，我突然理解了女儿猛烈来袭的哭闹，其实只是过去那些不曾被好好安抚的情感，在某些陌生不安的情境下，被不当地（毫无逻辑地）引发罢了！每个人的心里都有一面哈哈镜，因过往的喜怒哀乐而不规则地反射与聚焦，形成专属于自我的情感逻辑：内心是快乐的，世界就呈现快乐；内心是不安的，世界就反射出不安的模样。

我时常想，如果当时我的选择是大声地告诉女儿"不准哭"，那事情又会如何呢？

"打断它"或"听下去"，你的选择会是？

亲职讲座上，我和众多父母谈起"不准哭"这一话题。一位拥有乌黑长发、戴着黑框眼镜的女性朋友发表了她的意见，人群顿时嘈杂起来。许多父母表态自己就是"不准哭"这个招数的使用者，理由不外乎是："说'不准哭'，往往比安慰还要有用。""是啊！因为我们小时候也是被'不准哭'这句话教大的。"

气氛凝结在这一刻,突然有人长长地叹了一口气,一时之间,唉声叹气此起彼落。是啊,面对眼前出现一位情感横流的人,母性的挣扎人皆有之,所能选择的不过是"打断它"或"听下去"而已,而决定大家如何选择那把尺的依据有二:一是我和此人的关系;二是我和自己的关系以及和过去的关系。

生命最困难的议题,莫过于如何超越既有的关系、既有的假设、既有的经验,重新创造新的感受、新的可能和新的相信。

自从在高美湿地上发现女儿内在的不安后,我就努力学习超越自己既有的经验与习惯。

首先,戒掉责骂(打)孩子的坏毛病,其次,多费点心思去修复与伴侣、父母之间的关系。于是在家人的共识下,家里的气氛以蜗牛慢爬的速度往正向发展。果然,女儿焦虑不安的症状也逐渐改善——她原本是个指甲都要抠得光秃秃的神经质小孩,直到九岁那年,我终于看见她五根手指头的上缘,开始长出一截白白的指甲。

当然,她也终于能在布满招潮蟹的海滩上,赤脚奔跑。

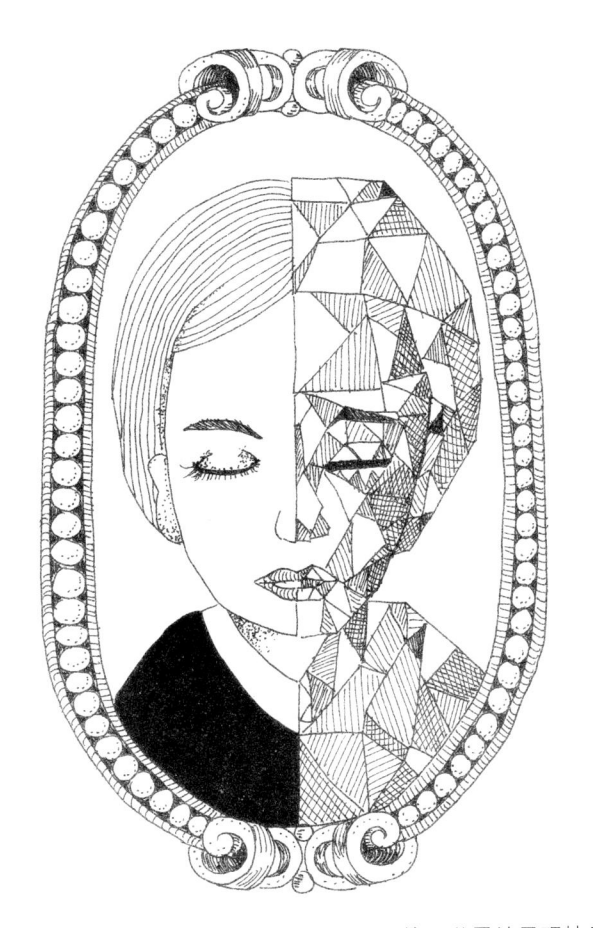

Part 1　情绪，解读世界的方式 | 007

每个人的心里都有一面哈哈镜，内心是快乐的，世界就呈现快乐；内心是不安的，世界就反射出不安的模样。

哈哈镜效应

我们看待这个世界的眼光，都是我们心里情绪基调的投射。

精神分析创始人西格蒙德·弗洛伊德（Sigmund Freud）曾经提出"投射"这个概念，后代学者普遍认为，这是一种把自己内在的东西投影到别人身上的倾向。

这里提到的"哈哈镜效应"，虽然有把内心世界向外投射的含义，但更着重于说明人们内在"情绪基调"的投射，将影响我们看待世界的角度。

和情绪对话

世界的中心是我，

我的眼睛看出去就是这个世界。

我的中心有我，还有我所害怕发生的一切。

那些都不要发生好吗？

我愿尽己所能，让那些灾难不要发生。

但我知道，如果不好的事情真的发生了，

也都是我的责任。

是我没有多做点什么，是我不够努力的错。

因为我是世界的中心，

只有这么重要的我，才能阻止灾难发生。

02 自我中心效应
想象自我的重要性，可能导致灾难

动漫《灌篮高手》曾经风靡一时，主角是一名顶着红色乱发的高大男孩樱木花道。樱木花道极具打篮球的潜能，但直到上高中才华才被挖掘，他加入"湘北高中"篮球队，成为队里的大前锋。在一场重要的比赛中，球队的分数仅落后对方球队一分，在比赛的最后一刻，樱木花道抢得投篮机会，拉直双手将球掷向篮筐！

没进。铃声响起，比赛结束，湘北高中篮球队输了。男孩们在球场上洒下懊悔的眼泪。

隔天上学，樱木花道打开教室大门，原本的红色乱发不见了，仅留下一个红色的大平头。同学们惊呆了，问他干吗如此。樱木花道说："因为我害球队输了。"他认为湘北队没能赢球，自己是罪魁祸首。

"臭美！"此话一出，旁边一位人气同样很旺的篮球明星流川枫缓缓飘过,"是我昨天没打好!"

樱木花道和流川枫虽然平日就不对付,可是干吗连输比赛这种黑锅都要争着背啊?

其实,这就是一种自我中心的情绪反应:高估了自己的重要性,把"我"放到灾难核心的位置。

我们所以为的状况,其实都只是我们的想象

有一位女大学生告诉我,每次假期结束要离开家前,母亲总会拖着她,然后抱怨弟弟交的女朋友。身为姐姐的她,其实一点都不想听母亲说这些琐事,尤其弟弟的女朋友还没有进自家门,母亲就常常担忧,仿佛已经产生了非常严重的婆媳问题。她好想告诉母亲不要说了,却又心疼母亲无人可倾诉,可弟弟根本不管母亲的这些担忧,父亲更是只会在旁边看报,什么事都不管。

听久了,她对母亲过多的情绪实在感到厌烦,但母亲的心情仿佛又使她感同身受,于是产生了劝弟弟离开女朋友的想法。

"我该怎么办才好?"她问我。

我反问她,如果撇去"该怎么办",那她心里"想怎么办"。

"当然是不要听太多,赶快抓紧时间去坐车呀!"她说。母亲时常念叨得她几乎赶不上北上的火车。

"既然已经'想这么做',那没办法去这么做的原因是什么呢?"

"嗯……这么做好像十分无情，好像把妈妈丢下不管，好像……"

"所以如果你真的去坐车了，她会怎么样呢？"

"她会一直哭啊，没有人听她说话她很可怜啊。她眼睛已经很不好了，还这样哭怎么行呢？"

"爸爸不会听她说话吗？"

"当然不会啊！"她回答得斩钉截铁，"我爸都做他自己的事，哪有可能管我妈？"

"有没有可能，是因为你占了那个关心妈妈的位置，所以你爸爸就不需要去做这件事了？"

她用狐疑的眼神看着我，"有可能吗？"

是呀，有可能吗？有没有可能，我们所以为的状况，其实都只是我们的想象而已？有没有可能，是她"想象"自己是世上唯一关心妈妈的人？有没有可能，是她"想象"爸爸没有能力关心妈妈，所以才自以为正义地占据着那个保护妈妈的位置？

有没有可能是她让自己"内在的想象"等同于"外在的现实"，导致她在许多担忧害怕中，无法去做自己真心想做的事情？

记得在"内在想象"和"外在现实"之间也画上界线

这是一种"自我中心"的情感特质所引发的"现实等同"状况：我们太焦虑于周围可能发生的灾难，又太看重灾难与自己之间的关联性，便觉得倘若自己没有做点什么，灾难就有可能真的发生。我们的情感困在内心的"自以为"中，便把存在于心头的幻想等同为现实。

现代社会中，常常有人喊着要记得画出界线，但与此同时，我们是否也检视过，自己有没有记得在"内在想象"和"外在现实"之间也画上一条界线？我们是否清楚地明白，某些东西或许只是我们自己的想象，而不见得是对方的意图？

这是在思考"我和你"之间的界限之前，更重要的一件事。

自我中心效应

过度想象自己与灾难发生的关联性所形成的情绪反应，目的是借此来维护内在自我的重要性。

"自我中心"的概念，在心理学中最广为人知的，是认知发展学者让·皮亚杰（Jean Piaget）所提出的"自我中心主义"。皮亚杰透过"三山实验"发现，儿童有以"自己眼睛所见"来推论"他人所见"的倾向，是一种以自我为中心来看待世界的现象。后代学者则认为，除了儿童时期以外，青少年时期及成年亲密关系中也能观察到类似的状况。

在这里，我们则特别聚焦在情绪议题上，探讨以自我为中心的灾难化想象，如何蔓延到日常生活当中。

和情绪对话

有些事情停住了,有些画面停住了,

有些感觉停住了,就像我对你们的认识也都停住了。

有时是停在最幸福的那一刻,

但更多时候,是停驻在最尴尬、最委屈、

最喘不过气、最令人憎恨的那些瞬间。

我知道你会这样对我,你永远都会这样对我,

我会永远记得你这样对我。

那么我就可以恨你了,

然后以为自己不曾渴望过你的爱。

03 时空冻结效应
以为周围的人和事物不曾改变

一向偏好戏剧不善舞蹈的我，在看了何晓玫的作品《默岛新乐园》后大受感动，觉得台上舞者们的脚尖好像直接穿进了我的胸口，跳得我的心隐隐发烫。

女舞者身着肉色衣物仿佛赤裸，摆动的四肢拉拔着一个带着针孔摄影的探照灯，做出一连串既优雅又带点恰到好处的暧昧动作，自我偷窥式的影像投射在醒目的主墙上，与海底世界的泡沫幻影交杂在一起，在观众眼前形成一个难以言喻的绮丽世界，既美丽，又哀伤。

何晓玫的创作如此出色，我很好奇，她的家人看了她编排的作品后，反应会如何？是否会为她感到骄傲？

听到我有此一问，何晓玫脸上浮现出令人玩味的表情，她说："我妈看了我的表演，只问我：'以后可不可以不要在台上做出这么难看的动作？'"

何晓玫的回答被我写进专栏，文章在网络上发表，一些人看过后有感而发。其中一位曾经演过戏剧的网友回复说："我妈来看我的舞台剧，问她心得，她只说：'以后要穿无痕内裤，不然在台上很难看。'"

一连串留言后，何晓玫也回应了，她说："也许（妈妈）是爱女心切。"

留言在这里戛然而止。或许大家也开始思考，我们各自在家庭里所遇到的状况，有没有可能是"爱女（子）心切"呢？

一种不自觉的偏执，觉得父母不可能改变

近年来，社会上很流行讨论"以爱为名的亲情绑架"。我身为一名将近四十岁的半资深子女，家中唯一的小孩，对这事当然也深有感触。

我和许多人分享过自己的成长经验：从事金融业的父亲应酬颇多，小时候我几乎只有母亲的陪伴。那时，我最怕母亲的眼泪，总觉得自己如果不能达到母亲的期待和要求，难过的海浪就会从我身边蔓延开来，数落着我："我是为你好啊，你怎么都不听话呢？"

原本我可以假装无所谓地跑开，然而，倘若我不能在父亲回家前关上母亲的"水龙头"，那我就要倒大霉了。我最怕父亲好不容易下班回家，却因家中的"低气压"，而板着一张脸质问

我："你又对你妈做了什么？"

所以母亲的眼泪令我慌张，偏偏我又时常管不住自己的嘴，老爱跟她唱反调，顶嘴的时候可神气了，只是一见"妈妈泪海"的征兆，心就忍不住纠结成团。假使每个人在世界上都有一个最害怕的事物，那对童年的我而言，最害怕的事物莫过于"妈妈的眼泪"了。

对于害怕的事物，我们总会想出抵御它的方法。至于最亲爱的家人，我们使用的办法往往是一针见血，仅是一句话就能让他们无言以对。

我很快也找出抵御"妈妈眼泪"的必杀绝技，就是面无表情地跟她说："你就只会哭。除了哭，你还会什么？"

这一必杀绝技在母亲身上极其好用。我收起情感，她自然也不会再向我示弱，硬生生地收回已经在眼角边即将落下的眼泪。就这样，父亲回家也不再有理由骂我了，只是那沉闷压抑的家庭气氛，逐渐成为我夜半不归的理由。

大学毕业后，我翅膀硬了，就以"结婚"为名，光明正大地逃离了家。在我心目中，父母亲根本不可能改变：爸爸一定没有很想在家照顾我，妈妈也一定还是只会用哭来逼我达成她的期待。

这些年，我遇到许多与我有相似困扰的朋友：家庭中他们都有各自的辛苦，学有所成后的他们到社会上打拼，但内心隐隐约约卡了一根刺，那根刺是与父母相关的、无法碰触的家庭难题。他们大部分和我一样，困在一种不自觉的偏执里，觉得父母不可能改变。

在我们这群人中，许多人看似独立自主，心灵却仿佛停留在过去的时光，守着某些一成不变的家庭记忆：我的爸爸是个什么样的人，我的妈妈是个什么样的人，我们之间有某些怎样都无法解决的问题……

是吗？事实真的是这样吗？

父母的作为，究竟是"绑架"，还是"爱"？

三十五岁后，我的事业正在起飞，我先生更是为了工作忙得不可开交。没办法，为了帮我照看两个孩子，母亲毅然决然地卖掉了老宅，拉着不太情愿的父亲北上。

突然之间，我和父母的距离变得这么近，这令我既期待又不安。我期待与父母重新在一起的生活，又对童年时妈妈对我的唠叨，"妈妈的眼泪"而感到不安。

某天，我要到小孩学校去当志愿者，母亲刚好去附近办事，就顺路载她过去。校园进出需要使用志愿者证，记性不太好的我，车子开到半路才想起自己的证件忘了拿，眼看时间要来不及了，我不禁着急起来，打算调头回去取。谁知坐在一旁的母亲沉稳地回答说："不用着急，我昨天已经帮你把证件放进包里了。"说完，妈妈就打开包拿出了证件。一时间，我们都没有说话，一路沉默着，直到学校。

诸如此类的事件越来越多。有时，我会对父母如此介入和干预我的生活感到生气，但更多时候，我发现这些介入给我的生活带来了方便。

所以后来，每当有人提起"以爱为名的亲情绑架"时，我会选择保持沉默。因为，当我逐渐走出"父母和过去一样"的想象时，我突然不太能确定，年轻时被我界定为控制欲的父母的作为，究竟是"绑架"，还是"爱"。

更精确地说，"爱"和"绑架"的感觉，在我心里变得汹涌起伏，有时感受到的是"绑架"，但更多时候，是"爱"。就像何晓玫说的："有没有可能是'爱女心切'呢？"

而现在的我们，又为何会这么想了呢？

是我们变了，还是父母变了？抑或是我们都变了？

每个人都有自己的成长故事。我们可以忘记自己是怎么长大的，却不能不知道，我们"感觉"自己是怎么长大的。

正是这些"感觉"，才让我们困在冻结的过往时空中，继续用一成不变的眼光看待这个世界。

每个人都有自己的成长故事。我们可以忘记自己是怎么长大的，却不能不知道，我们"感觉"自己是怎么长大的。

时空冻结效应

当情绪形成一种负面平衡时,我们会倾向于认为外在造成负面的人、事、物不会改变,以免自己因为期待事情好转而再度失望。

精神分析大师梅兰妮·克莱恩(Melanie Klein)曾经提出一个概念,她认为在婴幼儿的内在心智中,天生的爱与攻击并存,所以婴幼儿会想象所爱的人也可能会对自己进行反击,从而产生心理上的焦虑。此时,若所爱之人真的做出某些让婴幼儿感到自己被攻击的行为,例如:大吼大叫、不准时喂奶等,婴幼儿就会认为心里的恐怖幻想与现实不谋而合。随之而生的焦虑感,便可能把那种恐怖的影像与感觉留在心里。

这里所提到的"时空冻结效应",便是延续这个概念而来,探讨过去的情绪经验"被定格下来"的状态,如何影响我们成年后的生活。

和情绪对话

我用柔焦镜片来纪念你,
记忆我们不够靠近的距离。
带着缺陷的回忆卷入那片柔美的模糊,
逐渐淡出现实的清晰,
变成我心里期待留下的那个版本,
陪伴现在过得不够好的我,
幻想自己曾经还有过这种可能。
嗯,一种甜美的自我安慰。

04 柔焦效应
美化过去，变成无法忘怀的记忆

我认识的一个男人在新婚的第一个月，就认识了另一个女孩，并和她开启了长达七年的外遇生活。

外面的女孩和家中的太太个性截然不同：太太内敛保守，女孩热情奔放。男人只有和女孩在一起时，才感受到自己身上如火焰般燃烧的能量，但太太对家庭的付出又让他不忍心辜负她，于是他周旋在家室与情人之间，享受快乐的同时，也矛盾、痛苦。

男人的太太接连怀孕，引得外遇女孩的醋坛子打翻了。一场飞车追逐后，女孩出了车祸。女孩出院后告诉男人自己的生育功能出了问题，未来的下场是不孕。女孩留下这样的话后就不告而别，消失得无影无踪。男人不疑有他，内心追悔莫及，却到处寻不到女孩的踪影。

男人逐渐消沉，了无生气。

数年后，我再见到这个男人时，他已是容光焕发，与外遇女孩离去时那副失魂落魄的模样天差地远，于是我好奇地询问。没想到，男人竟告诉我，他已经想通了，他要认真运动，保持身体健康，他要自己长命百岁。

我问男人，为什么会突然有此转变，是不是人生出现了什么转折点？他目光灼灼地说："我要活得久一点，等我老婆死了以后，我要去把她追回来！"对于他的这一想法，我没有说什么，因为各人有各人的追求，别人是不可能替他人做任何决定的。男人打开话匣子尽数外遇女孩的美好，诉尽他对女孩的难以忘怀。从他现今的谈话来看，仿佛忘记了女孩曾对他歇斯底里、说谎欺骗。

男人对过去的美化令我想发笑，但心里又不禁感叹，他这不过是另一种情绪的惯性罢了！将痛苦经验"柔焦"处理，看不见真实，心就不会感到那么刺痛。如此一来，苦情的人生也可以很美，得不到的感情才是最真，这还真是可悲、可笑啊。

"柔焦"后的过去，阻碍我们活在此时此刻

在生活中，与上述男人类似的例子不胜枚举。

跳槽的人来到新公司工作，发现不如原先预想般美好，于是心里开始想："如果我当初没离开之前的公司，我现在也……"完全忘记当初明明就是因为干不下去了，才做出离职的选择。

不想承受重点高中升学压力的青少年转学到普通高中，高考

时没能考上理想的大学，于是心里产生了这样的想法："如果当初没有转学，就不会落得今日这般下场……"过去在重点高中度日如年的感受，好像突然变得不重要，全被抛到九霄云外了。

然而，这会为我们的生活带来什么呢？

或许，最大的影响是那些"柔焦"后的过去，阻碍我们活在此时此刻，阻碍我们看见当下的人、事、物；我们的挫折感被隐藏在模糊中，不用再面对。

让那些不圆满的过往，以伪装的美好存在着，我们的人生就真能获得幸福了吗？

看着男人终日怀念离去的身影，为了外遇女孩渴望长命百岁，而忽略他身旁的妻子，我忍不住想问："得不到的过去，真的如想象中那么美好吗？"

后来，男人在女孩的脸书上，看到了一条消息。原来女孩已经结婚，而且有了一个可爱的小宝宝。

柔焦效应

当我们对现实生活不满意时,会通过对已经逝去的人、事、物的美化与怀念,来安慰自己曾经也拥有过幸福。

精神分析大师克莱恩曾经提出,婴儿出生几个月后,因为内在心智还未成熟到可以体会周围环境刺激发生的逻辑,比方说,为何前一刻还温柔喂奶的妈妈,下一刻会大吼大叫?于是婴儿会展现出一种心理分裂现象,将"温柔喂奶的妈妈"(好妈妈)和"大吼大叫的妈妈"(坏妈妈)视为两个妈妈,以保护自己不会产生错乱。

这里提到的"柔焦效应",即延续这个概念而来:对成年人而言,固然不再用过分的心理分裂来面对生活困境,但用一片薄纱来美化不想面对的、带有丑恶的现实,仍是常见的情绪机制。

当你成为情绪寄生的宿主时,应该知道的八件事

1. 当你因为被人情绪寄生而感到心力交瘁,内心充满哀伤与愤怒时,你可以把自己负面感受的强度乘以三倍至十倍,大概就是那个用情绪苦苦折磨你的人的心情。

2. 少哀怨,少动怒,更不需要与对方争论。你表现出来的负面情绪反应越强,寄生者从你身上吸取的养分就越多。(除非,你很享受用负面情绪来喂养他。)

3. 想想自己是不是一个容易被情绪寄生的人。如果常常有人这么对你,那八成不只是对方的问题。所谓一个巴掌拍不响,指的就是这种状况。

4. 找一个至两个头脑清楚的固定对象,可以听你诉说与情绪寄生者之间的关系纠葛。但请记得,在抱怨别人的同时,也要思考自己做了什么,或有哪些特质会让对方这样做。当然,别忘了把"才华耀眼""长相高傲"这种碍眼的特质也考虑进去。

5. 当你发现自己的某些行为或特质,导致你被别人情绪寄生

时，请进一步思考，这些行为和特质，是你想（可以）改变，还是不想（不能）改变的。如果答案是后者，那么与其花时间为此事伤心，不如及早学习和这种困境共处。

6. 当情绪寄生者对你的生活造成灾难式的影响时，除了可能因为对方当真具备龙卷风般的威力，还可能因为你平常树立的敌人都靠拢在了一起，但这只不过是"物以类聚"法则，迟早会发生，就像绵羊和狐狸注定无法长相厮守。如果你天生是一只绵羊，却要为了一群狐狸而感到伤心，这是何苦呢？

7. 情绪寄生者和被寄生的宿主，当然有可能和解，但比较适合的是用平静舒缓的方式，而不是轰轰烈烈地重新结合，所以往往需要经过一段时间。你想，要让狐狸和绵羊能够相处在一起，不是要等到狐狸也愿意吃素了才办得到吗？

8. 在情绪寄生效应的"两造"之间，有时候，保持距离是最好的相爱方式。毕竟在这个世界上，不是每种爱都适合黏糊糊地搭在一起。留有遗憾，是为了不要创造更多的遗憾。

Part 2
情绪，在人我之间

和情绪对话

寒冷的冬天,

两只刺猬想要通过拥抱来相互取暖,

但因为彼此都长着刺,

一拥抱就刺痛对方,只好赶紧分开。

可是天气实在太冷了,它们一分开又想要拥抱,

于是分分合合,直到找到一个合适的位置,

既能获得温暖,又不至于受到伤害。

刺猬说:"爱,要搭配上一个最适当的距离。"

而关系中的互相伤害,

正是寻找合适距离的必经过程。

05 刺猬效应
刺伤彼此，是为了学习适当地靠近

早晨的地铁中挤满了人，几个穿着高中制服的男生站在靠近门边的位置，谈笑风生，大概是在说什么有趣的笑话，其中一位笑得岔气，重心不稳地向后退了一下。站在他身后、提着公文包的上班族见状，微微皱起眉头，表情不悦地挪往车厢更深处。

眼尖的高中男孩看到了，嘲笑同学说："你碰到人家了！"

"我哪有？"重心不稳的男同学连忙站直身体，"我连碰都没碰到。"

我是站在一旁的目击者，可以替他做证，他真的连一根头发都没有碰到。只是人总有一种心理上的本能，当主观上感受到别人的行为侵扰到自己时，就会不自觉地采取行动来抵御。

身体上如此，心理上亦然。然而，人生中最为难的事情是，你虽然可以防范地铁上陌生人对你的侵扰，却难以回避家人的这种行为；甚至有时，你也有意无意地侵入你所爱之人的私领域中。

不用加油的语言，才是一种真正的加油

如果我问理智层面的自己，家中最容易涉入我私领域的人是谁？我肯定会回答，是妈妈。但若避开理智，问问感受层面的我，那最容易踩中我地雷的人，却是爸爸。

我父亲的家族人丁兴旺，仅我祖母一个人生的孩子，就有十几个。我不了解他们当年生活的景况，但对于我这个没有兄弟姐妹的人而言，光想到一个家里有二十几只孩子的脚丫子在那里蹦蹦跳跳，就会头疼起来。我实在无法想象，父亲当年是怎么在家庭的"夹缝"中生存的。

还好，父亲依然积极地成长，在那个升学十分艰难的年代，他跟着前面两个哥哥的脚步，考上当地最好的初中，但谁知高中联考失利，这让他开始偏离大家印象中的顶尖的精英生活。

父亲的手有一截浅浅的断指，小时候我偷偷问过母亲那断指背后的故事，如今脑海中却总是存有两个完全不同的版本：有一说，那是父亲求学时去工厂打工，不小心被机器截掉的；还有一说，则是父亲曾经堕入黑道，为了退出江湖，只好断指谢罪。

说也奇怪，明明前一个才是事实，我却常常记成是黑道的那个版本，仿佛一定要是这种充满男子汉气概的际遇，才符合我心目中父亲的英雄形象。

父亲的"第一志愿情结"不知不觉地落到我心上，只是上了高中以后，课业越来越难，我不只读得辛苦，有些科目还觉得无聊，成绩也是一直往下掉。

眼看高中联考就要到了，父亲看我只玩社团不思振作，便问我："××音乐班好像在招女生，要不要去考考看？"父亲这个突然的想法令我感到恐慌，心里想："倘若连我也没有考上第一志愿，父亲会不会受到比我更大的打击？"

真抱歉，身为一个青少年，我的解读只能是如此而已。

当我在学业中挣扎时，父亲在职场上碰撞；当他在职场上大放光亮时，我刚好从硕士班毕业考上博士班；而当他事业遇到"瓶颈"时，我的事业也正处于低落期；当他退休后突然转入教职工作时，我也恰巧回到台北来任教。就是如此的戏剧，我们的人生轨道像两条无意识中同起同落的并行线，我看着他的影子，也追随着他的影子。

我期望他能理解我一路走来的辛苦，但当我在工作上感到不开心，沮丧地说好想离职时，他对我说："你至少要撑到当教授。"当他发现我仍继续沮丧时，他没有安慰我，反而推荐给我好几条人才征聘信息。

我和父亲相处不多，但他的回应总能让我气上半天。我知道他想告诉我：加油。但我更期待他说：不要再加油了。

我想，这世上有很多父母不能明白，不用加油的语言，才是一种真正的加油。

陌生与疏离，让彼此一不小心，就会刺伤对方

日本颓废派作家太宰治曾经说，他这一辈子都在为服务别人而活；或许我们当中有许多人，也一样为了服务父母而活。这就是为什么有些人宁愿死，也不想面对父母失望的眼神。因为从失望的眼神中所折射回来的，是一个不够好的自己，不完美的自己。

然而，天无绝人之路，幸好有这些成长经验。我第一次读《咨询师概论》时，每句话就都看得懂；幸好有对成长经验的体悟，我当心理咨询师，当得得心应手。心理咨询师，成了我活下去的救赎。

我想，每个人都是在磨难中活下去后，才找到新的救赎。

父亲即将退休，我以为他会好好规划自己的退休生活，但他仍忙着给自己找新的工作。看着他坐在计算机前认真打字的背影，我突然明白了他对待我的方式，原来也是他对待自己的方式。我感受到退休的他们，如果没有了期待，没有了舞台，剩下的或许会是无止尽的恐慌。他们需要子女的陪伴，但是前半生已经习惯的陌生与疏离，又让彼此一不小心，就会刺伤对方。

我想起前面刺猬的故事：一对相爱的刺猬在寒风中，想要靠在一起取暖，可是如果它们靠得太近，就会被对方身上的刺弄伤，于是它们只好不断地挪移位置，调整彼此的距离，一下前进、一下后退，直到找到一个既能相互取暖，又能不刺伤彼此的位置，才真正停下来歇息。

我们和我们的父母，是否也正在调整彼此的位置和距离呢？

刺猬效应

人与人之间，会通过相互伤害，来寻找对彼此而言最适当的距离。

精神分析大师唐诺·温尼考特（Donald W. Winnicott）对于人性的观察是这样的：他不同意过去精神分析学家对于"攻击"本能的观点，反而认为婴儿在与他人关系当中的某些负向行为，例如哭闹、打人等，并非出自内在的攻击欲望，反而是出自"爱"。

温尼考特把这种在关系中会令对方受伤的"爱"，称为"无情的爱"。它和攻击最大的差别在于，"攻击"是带有施虐于对方的意味，而"无情的爱"之所以会让对方受伤，只是因为内心太过渴望了。因渴望而拿捏不好分寸，这是"爱"，而非攻击。温尼考特的说法，恰好可以用来说明著名的"刺猬理论"现象。

和情绪对话

我不想对自己诚实。

那么,我就可以假装没听见你说的那些话,

没看见你做的那些事。

假装你还在此,成为我想要你成为的那个样子。

我为什么要对自己诚实?

如果诚实会让我失去你。

不诚实会让你留下吗?

06 余光效应
希望仍在，所以情难了

三十岁的女人，爱上了好姐妹的男朋友。一切都是好姐妹的错，谁叫她要远赴国外，让男友一人在台湾饱受孤单之苦。

原本女人和好姐妹的男友并没有过多的来往，但因为某个项目的合作，他们有了频繁的来往，相处时间也逐渐多了起来。就这样，两人逐渐产生了越来越深的感情。

"他说，他很不想承认他爱我，但是他确实爱上我了。我知道。"女人说。

"这样不是很好吗？这不就是你要的吗？"我回答她。

"嗯……可是，她就要从国外回来了。"她说。

好姐妹学成归国的时间，眼看就要到了。女人和男人的相处也显得越来越紧张，男人的脾气变得很容易焦躁，女人则是更容易流眼泪了。三个人之中，只有不知实情的那个人是幸福的，其余两个人都感到痛苦不堪。

女人开始期待男人做选择。他到底选择成为自己的男友,还是选择做她的男友?

我听女人这么说,心里暗自替她感到不妙。一个人不容易做出抉择,通常对旧情人还有所留恋,便是"有了新人,忘了旧人"的反面道理:如果一个人总是惦记旧人,不就表示新人在他心里也不过尔尔?新恋情的力道,并没有大到能够消灭对旧人的感情。

然而,这样的话,通常不太方便在这种时候对当事人说。如果当事人没有自己去体验那个过程,那别人说什么,都是枉然。我问女人,先不管其他人,她自己心里对这个男人的想法是什么呢?

她犹豫了许久,告诉我,当然是想要跟他在一起。

"那就去吧。"我没有劝她回头。因为我知道她心里仍有余光,微弱地照着他们充满希望的前程。

宁愿怀抱希望,也不愿面对亲密关系中不完美的现实

然而,越走进情感核心,她越能体会自己的内心不仅满足于两人在一起的渴望。两人的相处逐渐因为"选择的困难",而有了更多摩擦,每次谈到这个问题,两人就会忍不住大吵。女人很想放手祝福他们,但怎么都无法说服自己放下对男人的爱。终于,她问了男人一个卡在她心里最深的问题:"如果你回到她身边，那你是出于道德上的考虑吗？"

同样的问题，她不只问他，也问了我。

我回答女人，这句话问得并不完整，事实上她真正想问的是："如果你回到她身边，是出于道德的考虑，还是因为爱？"

当我这么说的时候，她的身子开始发抖，克制着让眼泪不要掉下来。我告诉她，我认为这个问题其实一点意义也没有。

如果他是因为道德而回去，你只是感觉上比较良好，心里对你们的感情仍会抱有余光，期待有一天他们会分手，你们还会重新开始；如果他是因为爱而回到她身边，你则会陷入不甘心，可能会觉得他玩弄了你的感情，然后否定你们这段时间以来的相处。这两种结果，都可能让你没办法放下这段感情，重新开始自己的生活。

她脸上露出自嘲的笑容，说："为了这段感情，我已经变得不像原来的我了。"

可是，这种变化又何尝不是让她认识了另一面的自己呢？

这天，女人没有和男人再联络。她打开久违的公事档案，整理自己为了感情荒废多时的工作，当注意力有了转移后，她觉得自己不像先前那样痛苦得喘不过气来。几天过后，她工作更加上手，偶尔看到没有响起的电话，发现男人也不再像之前那样频繁来电，她的心隐隐作痛，她忽然发觉，原来两人不是不能回到当初的距离。

两周后,她到男人家里取回自己的私人物品,递给他一张纸条,上面写着:"祝福你们。"

她没有写"祝你们幸福",因为这不是真心话。

好姐妹回国之后,什么事情都不知道,继续幸福地窝在情人怀里,露出甜美的笑容。他看她的眼神依然复杂。女人开始躲着他们,她说:"因为我没有准备好要面对。"

我问她,"祝福你们"那张纸条,对她而言的意义是什么?

她说,是一个被甩掉的女人,最后的报复。因为她在他心里留下了最美的样子。

她把那段感情的余光,转移到工作上,成了职场上的女强人,至今单身。

我为什么要对自己诚实？如果诚实会让我失去你。
不诚实会让你留下吗？

余光效应

宁愿怀抱希望，来证明自己不会失去，也不愿面对现实，从亲密关系中找回自我的掌控力。

精神分析大师克莱恩说，当我们还是个小婴儿时，面对内心焦虑，就已经懂得启动幻想机制。比方说，因妈妈不在身边而感到焦虑的小婴儿，吸着自己的拇指，抱着心爱的小熊，借由这些过渡性的物品，假装妈妈还在，没有离开。

"余光效应"延续着克莱恩的理念，指在亲密关系中的成年人身上，也可以观察到类似的自我安慰状态：一段关系明明已经崩解，我们却幻想这些毁坏有一天可能会自动恢复原状，仿佛只要怀抱这样的希望，就不用面对亲密关系中不完美的现实，降低可能分离的焦虑。久而久之，这样的幻想有可能让人失去检核现实的能力。

和情绪对话

我和你,结合成一段关系。

为了好好相处,我这么做,而你那么做,

我们都有必须这么做和那么做的立场,

想要保护你、保护我、保护我们的关系。

我们都觉得自己是对的。

那么,当关系发生错误时,又是谁的问题呢?

我以为是你的,就像你以为是我的。

你的我的、对的错的。

我们好像逐渐忘记,当初会这么做的自己,

其实是为了和对方相爱。

07 添加物效应
在关系中,你放了什么毒?

2010年前后,亚洲陆续出现一连串在食品中添加毒物的事件,例如,奶粉里加了三聚氰胺,点心里加了塑化剂。

毒奶粉被曝光之际,香港家庭治疗研究院的家庭治疗师利瓦伊榕正好到台湾做案例演示。当时我坐在台下,对一段治疗谈话印象特别深刻。那是一对在现场不断争吵的夫妻,在彼此的指控中,满满都是过往的家庭宿怨。利瓦伊榕观察了一会儿夫妻俩的争执模式,问他们:"我知道最近台湾人都在讨论毒奶粉事件。如果你们的婚姻也有毒,你们知不知道各自添加了什么毒素在你们的婚姻里呢?"

利瓦伊榕天马行空式的发问,干扰了这对夫妻已经习惯了的争吵的思维方式,两人真的停了下来,认真地想:"我们在婚姻关系中,放了什么毒?"

对彼此的主观想法，就是关系的添加物，可能含有毒素

利瓦伊榕的这段问话，至今令我印象深刻。确实，两个人的关系就如同食物一般，是你放一点添加物、我也放一点添加物，最终所混合出来的成品。如果这些添加物中含有毒素，而我们又自以为只放这一点点无关紧要，便很容易像食品风波一样，产生滚雪球效应，最终酝酿出一场极具杀伤力的风暴。

我在治疗室中观察伴侣互动已久，觉得亲密关系中的添加物可以分成两种：其一是先天性的添加物，精准来说，更像是原材料起化学作用所混合成的物质，例如性格特质、内在不安与个人渴望；其二则是偏属后天的添加物，例如工作压力，以及原生家庭和姻亲关系的压力。

我和我先生结婚超过十五年，一开始最难适应的，就是他那副只要没了笑容就显得冷漠的臭脸，而他最不喜欢我的地方，则是在家里邋遢、随便的鱼干女（又称"干物女"，这个名称源自日语对鱼干的称呼，指的是认为很多事情都很麻烦因而放弃去做，过闲散日子的女性）个性。这两种性格特质仿佛我们各自带到婚姻中的原材料，经过搅拌，混合出独特的在亲密关系中的产物。我通过他脸上的表情看见了记忆中父亲的权威，他在我身上感受到母亲不够温柔的一面，原本毫不相干的天性特质被放进同一段关系中，激发了对方深层的感受，引发不安、烦躁和未被满足的渴望，形成对彼此的主观想法。

他把对我的主观想法丢到我身上，我也抛出我对他的主观想法——这些主观想法就是关系的添加物，可能含有毒素，而身在其中的我们却毫无感知。

"你干吗对我摆一个臭脸？"其实他没有，他只是觉得没什么开心的事情，就不用特地摆个笑容而已。

"你干吗都要穿那件那么宽大的睡袍，很像家里突然来了一只白熊。"这句话其实有点拐弯抹角，不如直接说"老婆，你该减肥了"来得干脆。

这个世界上有太多伴侣，因为对关系中的化学添加物浑然不觉，而逐渐以否定对方的方式进行人身攻击，毁掉了好不容易建立起来的感情。

学着看见自己在一段关系中所放进的添加物

若第一种添加物已经不知不觉地让伴侣关系产生毒物反应，那第二种添加物再加进去，关系风暴便是箭在弦上，一触即发。

想想，如果今天我们在公司遇到不少开心的事情，回家后，一进门就听到另一半对你说："你今天穿这件衣服，看起来真的好胖啊！"你可能会因为心情不错，并不会生气，而会观察对方怎么了，为何平白无故说这种话。但倘若你在外面已经受了不少怨气，回家后又听见这番话，想必台面上的"战事"或台面下的

"冷战"，都难以避免。

然而，婚姻治疗的经验又让我注意到，这些被伴侣怒称为引爆战争的始作俑者，也常常没有能力发现，自己正用这种令人不舒服的方式和对方说话。所以关系大战开打时，双方都觉得委屈，都感到受伤，都觉得是对方先引起的，都认为是对方的错——背后最大的原因在于，我们都对自己在关系中添加的毒物，浑然不觉。

浑然不觉所引发的争吵往往非常"耗能"，双方都认为自己是"秀才遇到兵，有理说不清"，就算不想继续争吵，也找不到可以下台阶的地方，工作、家务都因此延迟。长久下来，两人的关系想不走到尽头，都难了。

多年的婚姻生活，让我学到最重要的一件事，就是不要那么扁平化地去看待发生在眼前的事物，而是要学习看到每个人的行为、每段关系的形成背后，都有其独特的脉络。学着看见自己在一段关系中所放进的添加物，让自己不再苦苦执着于："为什么他是这样的人？"

资深媒体人陈文茜说："人生不只需要聪明，还需要善良。聪明让我们看穿别人，看懂人性；善良让我们理解别人的难处，懂得放下。"当然，我也非常认同，我们的善良必须要有底线，但对于伴侣、对于家人，我们真的可以给他们更多一点善良，因为他们或许是这个世界上，最能教我们学会"爱"的人。

添加物效应

在关系中做了些什么,却缺乏自觉,因而回避了自己需要负担的责任。

家庭治疗当中有一个"互补性"的概念,指的是一段关系之中,彼此的行为会互相影响,形成一种互动上的序列:你做了什么,让我这么做;我做了什么,又让你那么做。这里谈到的"添加物效应",即是延续这个概念而来。

和情绪对话

我曾经告诉自己,这辈子都不要成为像你那样的人。

很不幸,长大后我发现,自己越来越像你。

老天怎么可以这样对我?

我怎么可以这样对我自己?你怎么可以这样对我?

但老天说,他让我和你一样,是为了让我变得和你不一样。

我原本不懂。

直到我用曾经希望你对我的方式,来对待他。

我才发现,原来我真的可以和你不一样。

这让我和你之间,也变得不再一样。

08 复制效应
"爱·无能",在代间传递

在辅导工作中,我看过许多令人心碎的故事。每当看到某些父母对待小孩的方式只有犀利,没有温柔时,我心里会替这些孩子感到难过。

我曾经在台风天的日子,赶到学校上班,因为有对父母无意间知道女儿和男生发生性关系,拿着厚实的藤条冲进校园要打断女儿的腿,女孩窜到我身后躲避他们的追打,狂怒的情绪比台风还要剧烈。我拦住她父母,告诉他们,不可以这样对待孩子。

但我又注意到他们离开时,那颓丧的背影,夫妻两人相互搀扶着,仿佛一下子就老了。其中一人下垂的肩膀明显颤抖,另一人沮丧地摇着头、轻拍对方,仿佛说着我听不见的对白:"孩子大了,我们管不住她了。"那种感觉就像他们长久以来辛苦维护的家庭价值,在这一刻都崩坏了,生命被烙下一辈子无法洗去的污点,不再纯粹得闪闪发光。

我不自觉地拉紧躲在我身后的孩子，她是正要盛开的花朵，确实不容大人如此摧残。但那对逐渐远去的背影，突然让我觉得，他们也只是步履蹒跚的孩子罢了！

爱孩子，却没有能力理解孩子渴望的爱

我想起自己在《与父母和解》这本书中，曾经写过"爱·无能"的心理现象。为什么世上有这么多父母会去毒打自己亲生亲养的孩子？为什么用刻薄与否认对待他们？为什么不信任他们，不给他们安全感？

答案往往是，因为他们只懂得用这种方式来对待孩子。这些方式让他们感到熟悉、安心，可以有效地阻止孩子走向岔道。他们爱孩子，却没有能力理解孩子渴望的爱，因为他们是从一个曾经不被理解的孩子，长成没办法了解自己的大人。所以，我们又何苦期待一个连自己都不懂的人，突然拥有理解别人的能力呢？

这就是"爱，却无能"。从事辅导工作超过十五年，我看过无数疯狂努力，却依然爱无能的成年人。童年时期，他们被父母用"我觉得这样是爱"的方式来教育；长大之后，社会又教导他们的孩子去否定他们爱的方式。他们成了最慌张无助的一代，大家忙着告诉他们那样的爱是不对的，忙着指导他们该"怎么去爱"。殊不知，爱的能力并不是这样就能学会的，爱是要通过"体验"获得的。

我常常觉得社会对待"爱·无能"的成年族群太过残忍,好像没有人告诉孩子,要先去理解父母的无能为力。当你愿意相信无能为力也是一种爱时,就会明白,其实我们大多数人,还是在爱的环境中长大的。

不要回避"爱·无能"的时刻,不要在罪恶感中困住自己

关于"爱·无能"这件事是如何在我们的无意识中一代一代保存下去的呢?下面,我来讲一对父子的故事。

这位父亲如今是社会精英,但他的童年有很多不愉快的记忆。父母很早就离了婚,他跟着爸爸相依为命,爸爸期望他成材,对他管教非常严格。爸爸白天拼命工作养家,下班后又要花时间盯着他做功课。在他念小学的某一天,数学老师教了加法进位,比如,"9+3"这种算式,要进位成两位数,看起来好像不难。可是,当他回家写老师布置的作业时,或许是因为父亲坐在身旁,一双锐利的眼睛紧盯着他,他一时间怎么都算不出来。父亲教了他好多次,他还是不会,最后父亲把他的铅笔和课本给摔了,举起藤条打他:"你怎么那么笨啊!你是猪吗?我怎么会生出你这种儿子啊?"

那天之后,他更加惧怕父亲,父子之间的距离更远了。几十年过去了,他从来没有忘记那一幕。他成年之后,对父亲的惧怕逐渐转成厌恶,他发誓自己不要成为像父亲那样的人。

可是，命运就好像跟他开了一个玩笑。他结婚后，有了儿子，正在念小学。前阵子，儿子也开始学数学进位，他陪着儿子复习功课，儿子刚好在数学进位处卡关。这位父亲读到自己曾经熟稔的数学课题，一种不舒服的感觉从心底冒了上来，他告诉自己，等下不管儿子做得怎么样，都不可以像爸爸当年骂自己那样骂他。

时间一分一秒地过去，儿子怎么都学不会数学进位，他理智上有个声音在控制着，但耳朵却听到一连串暴怒的语言，从自己嘴里吐了出来："你是猪啊！这种题目都不会？你怎么那么笨？到底是谁生的啊？"

他边骂儿子边崩溃：这不是我！我不是这个样子的！这真的不是我！

很多人以为，人应该是有能力控制自己行为的，一定是因为心智做了选择，才会去模仿别人的行为。但对许多"爱·无能"的人而言，这种失控的感觉，就像心里躲了一只操控自己的恶魔，让他们无意识地自动复制父母的行为。

我现场听过这位父亲的告解，我相信，在那个暴怒的当下，他的痛苦是由内而生的。

该怎么办呢？如果我们身上也有"爱·无能"的毛病，到底该怎么办呢？对我而言，这个答案很简单，就是不要回避这些"爱·无能"的时刻——当它发生时，不要在罪恶感中困住自己，要马上觉察并且采取不一样的行动。

替我们的父母，向年幼的我们说声抱歉

很多人会说，这种感觉很懊恼，有些父母还会说，情绪失控对孩子很抱歉。但如果你继续卡在这些负面感受里，通常的结果就是：愤怒过后，你带着自己的伤痕跑去躲起来，不知道怎么面对孩子，就干脆绝口不提；还有些人，出气的对象不是孩子，而是身旁的另一半。

情绪的防卫机制让我们以为，躲起来就可以假装事情没有发生，但这绝非事实。事实是，当复制原生家庭的景况出现时，你越躲起来不做处理，就越会困在无法脱离原生家庭的泥淖中，无法自拔。要解决这种感受只有一个方法，就是趁着你后悔、懊恼的时候，立即跨出脚步，去做一些和原生家庭不一样的事。

这位父亲后来如何呢？他虽然恶毒地骂了孩子一顿，心里的罪恶感让他又气又烦，但当他稍微将注意力放在自己急促的呼吸上时，便开始觉察到，这其实是童年创伤复发的结果。觉察以后，他先将教孩子功课的任务交给太太，自己则冲进浴室去洗了把脸，以平复烦躁的心情和复发的创伤。最后，他走出浴室，向孩子道了歉。

是的，这位爸爸向自己的儿子道歉。

这句道歉不只是这位爸爸对儿子说的，也代替了当年的爸爸对当年的儿子要说的话。

我们明白自己错了，向孩子道歉，同时也替我们的父母，向

年幼的我们说声抱歉。孩子，我是爱你的，我只是患了"爱·无能"的毛病。

我们不需要孩子的原谅，因为这句话，是为我们自己说的。

> **复制效应**
>
> 　　无意识地重现童年时期被父母对待的方式，特别是那些具有创伤性的对待方式，目的是通过这些再生经验，使过去的负面情绪有抒发和矫正的机会。
>
> 　　与"复制效应"最为相关的概念，莫过于精神分析理论中的"强迫性重复"。这个观点最早由弗洛伊德提出，英国的精神分析学者欧内斯特·琼斯（Ernest Jones）则把它定义为一种盲目地重复早期经验与情境的冲动，不论这些行为带来多少毁灭性的可能，我们总是无法用意志力停止这种经验上的重复，因此才用"强迫"的概念来加以命名。
>
> 　　这个理论在精神分析领域被讨论许久，近代的精神分析学者对此进行了补充，认为"强迫性重复"对人的创伤复原是有意义的。某些发生时我们还无法理解的创伤，心智会强迫性地先记录下来，期待有一天能把这个经验理解清楚。换句话说，强迫性地重复经验是为了理解创伤，而理解创伤则是为了矫正与超越它。

和情绪对话

我以为你不会永远都在,

我又以为你永远都会在。

于是我就不再去想,你到底会不会一直都在。

但事实证明,有一天我们还是会面临分离。

我不想等到失去了,才知道要珍惜,

却又没办法时时刻刻用失去的心,来珍惜你。

原来我对你还有点生气。

原来我要在生气中,学会爱你。

09 分离效应
感觉失去，才懂得珍惜

2010年的一天，一个我永远不会忘记的日子。

年初，我怀了第二个宝宝，同一个学期，我要写完博士论文，还要坚持全职工作，并且照看大女儿。当时还没退休的母亲怕我辛苦，便时常在假日从老家赶来帮我照顾小孩，让我能多空出一点时间，顺利完成繁杂的研究工作。

那天，是周末的晚上，我刚下班。回到家时，看见母亲拿着吸尘器在客厅来来回回地走，我跟她打招呼，让她不要忙了坐下来休息，她"喔"了一声后，继续来来回回地在客厅里穿梭。这样的状况持续几分钟后，我开始觉察到母亲的异样，她注意到我看着她，忙停下来，一双困惑的眼神问我："今天是几月几日？"

我感觉自己的心脏开始高频率地跳了起来，母亲又问："我为什么在这里（而不是在老家）？"

"妈,你不要吓我啊。我怀孕了,你来帮忙。"

"啊?你怀孕了?太好了!"母亲仿佛第一次听到这个信息似的,脸上的困惑瞬间被惊喜的表情压了过去。

不安却在我心里逐渐扩大。果然,恐怖的事情接着发生了。每隔几分钟,母亲就重复问我同样的问题:"我为什么在这里?""你怀孕了?太好了!"

没有太多迟疑,我带着母亲立即去了医院挂急诊。在等待诊断的过程中,我觉得自己仿佛正面临生命中最黑暗的时刻:现在发生什么事了?母亲是失忆(失智)了吗?为什么这么突然?怎么办,我前两天还对妈妈那么大声说话!

你到底会不会忘记我?会不会一直都在?

我在一片茫然中溺水,原本总在我危难时被我当成浮板的母亲,此刻如同做错事的小孩,在陌生的环境中攥着手,等待着大人的宣判结果。看她这副模样,我觉得自己更像坐在审判台上等待的那个人,一场突如其来的"意外"大声呵斥着我:"你说,你有没有好好对待你的母亲?"

对不起,我真的没有好好对待她。此时的我就像个小孩一样,只能在心里向上帝默祷:请再给我一次机会,不要那么早带走她和我之间的回忆。请让她赶快好起来,我以后会好好对待她。

"我们都做过检查了，找不到任何原因。"几番检查后，医生宣布："这就像脑袋突然短路一样。她现在突然失去短期记忆，所以近期发生的事都想不起来，但长期记忆是没有问题的。"

"这是……失智吗？"我问。

"也不能这么说。"医生摇摇头，给了一个模棱两可的答案。

"那什么时候会好呢？"

"每个人的状况不一样，也许等下就好了，也许几天，也许几个礼拜，也许……"

带母亲回家的路上，我依旧无法相信医生说的话。成年之后，我从来不曾像那天一样，连睡觉时也紧紧守在她身边。那个晚上我和母亲同睡一张床，而她每隔几分钟就会转过身来问我："我怎么会在这里？""啊，你怀孕了？太好了！"

我整夜都没敢合眼，就那样看着母亲睡着的脸庞。

隔天，就好像短路的电路板突然接通了电源，母亲又恢复正常了。之后，她几乎完全忘了这一天一夜的失忆经历。

母亲恢复后，我们拿着检查报告的结果，又跑了好几间大医院，但得到的答案都差不多：不能保证会不会再发生，有可能会，也可能不会。

虽然母亲恢复正常了，但我的担忧不曾消失，我也不敢再让母亲单独带着女儿外出。后来，儿子出生了，我又多了第三份牵挂。

我原本答应上帝，如果把母亲的回忆还给她，我会好好对待她。然而，随着时间流逝、儿子出生，繁杂琐事的纷至沓来，我对待母亲的态度又回到了之前。

当分离是可能随时发生的存在时，才明白对彼此的真正期待

是不是只有感觉到，有一天她真的可能会离开我时，我才会心甘情愿地对她好呢？

我终于明白自己为何总是工作过于忙碌。原来我还停留在父母年轻、我年幼，我们不会分离的那个时空，以为只有自己获得荣耀，才能为他们的心灵增添光芒。

曾几何时，母亲已迈入老年，我也不再年轻，我们分离的可能性一下子冲上宙斯的殿堂。她的眼神已从天上落下，看见身在凡间的我，但我却从那个为父母赢得荣耀的我，长成为自己追求荣耀的我。

父母花了前半辈子的心力，将我们送到离他们最远的地方，我们又怎么从那么遥远的地方，跑回到近在眼前的父母身边呢？

"工作如果不开心，就不要做了。"那天，母亲这样告诉我。

"为什么我小时候学习,你不这么说呢?"我问。

她没有回答。但我知道这是个没有对错,也没有答案的问题。

小时候,我们努力追求荣耀,用这种方式来讨父母欢喜,来满足他们的需要,以淡化自己心里可能被他们离弃的焦虑。长大以后,我们将关注点放在自己的渴望与目标上,成了父母亲使尽办法,来淡化可能被孩子离弃的焦虑:有些父母是嘘寒问暖,有些则是酸言酸语。

直到有一天,当我们觉察到,分离不只是一种令人恐慌的感受,它是随时都可能真实发生的一种存在时,我们才明白彼此真正的期待是什么。

不是荣耀,也不是伤害,是可以紧牵着你的手,陪伴相守。

虽然,这常常也只是一瞬间的感受而已。

我不想等到失去了，才知道要珍惜。
却又没办法时时刻刻用失去的心，来珍惜你。
原来我对你还有点生气。原来我要在生气中，学会爱你。

分离效应

感受到失去的可能性，才突然想要开始珍惜，一旦失而复得，却又故态复萌。反反复复中，人感受到自我矛盾的罪恶感。

心理学研究发现，当孩子长到六七个月时，会开始害怕陌生人，与照顾者分离时，会表现出明确的负向感受，这种现象被心理学家称为"分离焦虑"。

对年幼的孩子来说，分离焦虑的表现是直接的，因照顾者离去感到不高兴时，就会哭闹、发脾气。然而，当照顾者的行为反应无法让孩子感受到自己的焦虑被接纳、被理解时，孩子便可能用反向方式来抑制心里的分离焦虑。抑制反应发生以后，孩子的自我将发出信号，让内在心智误以为自己并不在意那些引发分离焦虑的人，并且逐渐成长为伪装独立的成年人。这里所谈的"分离效应"，即在探讨这种现象。

和情绪对话

我好像爱你,又好像恨你。

只说爱太恶心,说恨又太无情。

这种复杂的感觉,让我没了头绪,只能停在这里。

在我和你之间,我只能停在这里。

怕靠太近,会彼此伤害。

怕过分远离,从此以后不再有新的可能性。

请你理解我好吗?

如果可以,最好加上一句:"这样也没关系。"

10 地雷效应
对你爱恨交织，所以进退两难

每年六月是毕业的旺季，心理学研究所里满是等着通过硕士论文的毕业生。今年的硕士论文中，有一篇的主题让我印象特别深刻，研究内容是关于成年男性对母亲表达情感的困难：为什么成年男性会有情感表达的困难呢？在情感表达的困难中，是爱意的表达困难，还是恨意的表达更困难？

这题目实在太有意思了，而且研究方法还是以质化访谈的方式进行资料搜集，所以我可以从论文中读到接受访谈的男性们所说出来的原话。收到论文初稿后，我迫不及待地打开来阅读，果然看见了许多有意思的论述。

其中一位受访者说，在成长过程中，他与母亲的相处经验是"爱恨交织"，对母亲的爱是混杂的、不够纯粹的，所以如果要单单只对母亲说"我爱你"，实在是件相当困难的事，因为，这根本不是事实！

无法在关系中退让，可能因为心头还卡着生气的情绪

"爱恨交织"四个字用得精准，我忍不住望着它们发笑，在上面画下一个大大的记号，一边想象身为母亲的自己，与儿子之间的相处。确实，不论我再怎么爱孩子，总会因为他太调皮而有想要惩罚他的时候，不可能事事任由他随心所欲。每当我对儿子有所限制时，他总会嘟起小嘴，侧过身子不愿理我。

想到这里，我恍然大悟：对呀，这种气呼呼的时刻，不也是一种恨吗？诸如此类的情感，在他成年以前不知道还要经历多少？如果孩子没能好好地消化这种"爱恨交织感"，成年以后不也是会继续对我"爱恨交织"吗？

倘若如此，他既不能对我说："妈，我真是'爱恨'你！"更不可能只说："妈，我实在'恨'你！"如果他又是个耿直而不善于伪装的孩子，要他光是表达"妈，我'爱'你"这种感受，当然也就十分困难。

我进一步往下想，如果这种"爱恨交织感"没能被好好地看见、接纳、消化，那么男人对母亲的这种感受，是否也会影响其对朋友、伴侣的态度？我想起有几次，我先生和他母亲在电话中起争执，挂掉电话后，他开始做俯卧撑，对我也没有好脸色。我再次恍然大悟：喔，原来这些都是"爱恨交织感"！

原来对许多人来说，没办法说"爱"，真的是因为"爱"里

也掺杂着"恨"？无法在关系中退让，可能因为心头还有着生气的情绪？当我们还无法厘清自己的感受，究竟是往正面还是负面的地方蔓延时，这种感觉就像一不小心踩到埋在土里的地雷，前进也不是，后退也不是，说也不是，不说也不是，于是只好什么都不做地站在原地，进退两难。

我突然对伴侣之间的冲突也有了新的想法。在婚姻治疗的经验中，我听过许多女人抱怨另一半："都不会在关键时刻让我一下，让我一下有那么难吗？"现在想来，要男人在"爱恨交织感"还无法消化时吞忍相让，实在是不容易啊！因为他们一只脚踩在地雷上，往前一步可能会炸到别人，往后一步则可能炸到自己。唯有不表达，才能明哲保身。

觉察心里的"爱恨交织感"，学习愿意表达

这篇论文也回应了精神分析对婴儿行为的观察：婴儿对母亲既有关注，也有攻击。如果把这种矛盾解读为"爱恨交织感"，就会发现婴儿的攻击表现，其实是需要母亲的理解，而母亲则通过接纳式的响应，来让婴儿学会相信：不论是爱或恨、关注或攻击，母亲都不会因此而抛下我离去。人类的信任感建立于此，延伸成未来亲密关系中"爱"的基础。

然而，从来不曾被母亲（或照顾者）接纳过，心底又爱又恨、进退两难感受的孩子，成年后又会如何呢？有些人会用情感

"退化"来处理这种复杂的心情，有些人会用情绪"停滞"来处理。如果是后者，就会形成表达上的困难与障碍。

当一个人的表达功能出现障碍时，需要的是理解。理解的第一步，是给他们一点沉淀的时间。他们需要深呼吸，需要重新提取心里的勇气，需要知道旁边这个人的反应是稳定且安全的。他们需要时间相信：当他们愿意表达时，这些表达不会让他们受到伤害。

我翻阅至这篇论文的结尾，看见那位提出"爱恨交织"的男性朋友说，后来，他学着多和母亲单独相处，在这个过程中，他更懂得母亲的想法，也慢慢发觉母亲与自己原来想象的不太一样。

他的说法值得我们深思。为什么呢？当他没有觉察到自己的"爱恨交织感"时，无意识的回避，让他与母亲的相处甚少，表面上看来是界限分明，井水不犯河水。然而，当他觉察心里的"爱恨交织感"，并主动去和母亲相处时，他反而认识了不一样的母亲。这看来好似打破了界限，和母亲变得亲近，但实则是他在心里画上了更清楚的界限——在"想象"与"现实"之间，在"爱"与"恨"之间，在"该爱"或是"该恨"之间。

当我们对自己的感受、对别人真实的样貌，有了更清楚的认识时，我们就有能力带领自己离开进退两难的处境。

地雷效应

纠结的情绪无法厘清，形成表达上的困难，进一步衍生成对关系的回避。

精神分析大师温尼考特说：不表达也是一种表达，每个人都有用不表达来表达的权利。这里提到的"地雷效应"，即是探讨这种"不表达的表达"背后的情绪状态。

和情绪对话

他们都叫我不要想太多,
但我就是不得不在意,你的那句话、那个举动。
有让人羡慕的,有让人讨厌的,
在我心头凝聚成一点一滴无法忽略的感受。
我不喜欢自己的在意,不喜欢自己想太多,
却无法假装自己没有这么做。
直到走近,我才发现原来你有某部分的我。
眼睛是面镜子,看着你,
我就知道,你身上有某部分的我。
讨人厌的我,受人喜欢的我,被我遗忘的我。
如果不是你,我看不到。
但看到以后,我对你的羡慕和讨厌,就不重要了。
因为你是我的镜子,我也是你的。

11 镜像效应
在你身上，看见某部分的自己

某年的圣诞夜，我和我先生都有工作，便将小孩安排在父母家中，让他们代为照顾。工作结束后已经比较晚了，我先到百货公司帮小孩购买节庆活动需要的物品，结账过程中，接到父亲打来的电话："你到底什么时候过来？"

对于当时已是疲累状态的我而言，这句话听起来是一种带责备意味的、不太友善的质问。于是我回道："我总要先帮小孩把该买的东西准备好吧？我到现在还没吃饭呢！"

父亲又碎念了几句，他的态度让我心里觉得有些不舒服，于是我忍不住跟他说："你和我讲话可以不用这样的。"

老爸也不是好惹的，我们两人似乎就要在电话中吵起来，我只好赶快找个借口挂上电话。

百货公司里，欢快的圣诞歌曲在我耳边顿时形成一种缺乏同理心的旋律。我催促我先生赶快离开百货公司，去把小孩接回来。回家的路上，我心里想：刚刚那个时刻究竟是怎么了？为何这样的对话，好像时常在我们父女之间发生？

我就是不得不在意，你的那句话、那个举动

我想起更早以前去父母家接小孩的某次经历。

那天，我把车停在门口，拨了电话叫小孩出来，没想到的是，父亲竟然先走出大门，敲了敲车窗。

我把车窗摇了下来，可人还在工作刚结束的疲累中，缓缓转头，与父亲对上眼后，他立刻对我说了一句话："你千万不要让你女儿以后变得跟你一样！"

坦白说，那天早些时候，我确实因为女儿的学习态度问题和她有些争执。我猜父亲是意指此事，但在这个时候，我还没有什么心理准备，因此被父亲这句话惹得崩溃。（爸，跟我一样又怎样？你给我说清楚呀！）

我不发一语，气愤地把车窗摇了上来。离开父亲家门时，我连看都不知道怎么再看他一眼，心里对他突如其来的一句话，感到相当受伤。

许久以后我才理解，原来父亲本意不是要责备我，而是要通过这个机会表达我与他之间的关系。父亲这句话的原意应该是："女儿啊，不要把你和孩子的关系，变得像我和你一样。"只是父亲总是用这种简略的方式来表达，可是对我而言，这话就显得

太过突然，太没来由，以致我乍听之下，心灵遭受到惨烈的撞击。若不是后来我细想了想，实在是很难意识到父亲那些话背后隐藏的深意。

其实只是在别人身上看见不喜欢的自己

回到百货公司的情境中，原本在电话里一秒就被父亲惹怒的我，想起这段过往，突然就有些释怀，觉得自己身上好像也有几分父亲的影子。

怎么说呢？父亲思绪跳跃，语言反应总比当下实际发生的情景快好几拍，突然的表达常常让我难以理解。小时候我总觉得和这样的父亲相处，实在是太令人紧张了。没想到多年互动下来，我似乎也学会了用这种方式来与父亲沟通，与周围的朋友们相处。

真是有其父必有其女啊！我最无法适应父亲的，或许也是我最无法适应自己的部分；我最无法认同自己的，或许也是我最容易在父亲身上看见的特质。这就是情绪的"镜像效应"啊。你以为你讨厌的是别人，其实只是在他身上看见了不喜欢的自己；你以为是别人让你受伤，事实是伤痕本在心里，所以你对别人的某些反应才特别敏感。

发现真相后，我反省自己方才与父亲的通话，觉得自己的反应过甚了。圣诞节的夜晚，在前往父母家的途中，我的心情忐忑不安，思考自己待会儿该如何面对父亲。

笑脸迎人？倘若父亲因为方才不愉快的电话而不领情怎么办？

板着脸孔？这又太超过我的本意了。

车停在父母家门口，内心恼人的纠结让我不得不做了好几个深呼吸后，才有勇气打开车门。看见父亲走出大门，我刻意扯开嘴角，露出难看的笑容，想要故作平常地和他说话。然而，一走近父亲，我看见了父亲脸上挂着跟我一样难看的表情。

我们都没有提起那个不愉快的电话。果然，我们父女之间，还真是有着一样的沟通障碍和无能为力。只是，我们也在尽力表达对彼此的心意，即便我和他之间好像不是典型的其乐融融的父女，但或许这已经是我们之间最好的模样了。

镜像效应

当我们对某些人的行为举动产生特别强烈的情绪反应时，往往是因为那人身上有我们讨厌、渴望或遗忘的自我。

法国精神分析学者雅克·拉康（Jacques Lacan）提出了"镜像阶段"的概念，说的是还没有自行站立、行走能力，生活日常多倚靠照顾者抱持的几个月大的婴儿，当他在镜子里看到被人抱着的自己时，在其未成熟的心智中，会先将自我与他人的影像混淆，而后，随着其心智逐渐成熟，他会在那些"不是我"的地方看见自己，只是这个过程包含了许多理想化的幻想与错觉。

在别人身上看到的，究竟"不是我"，还是"就是我"呢？这是心理学家研究人类"自我认同"如何发展的一个相当重要的命题。

这里对于"镜像效应"的讨论，延续了这种"在别人身上看见某部分自己"的概念，且特别关注了人们如何从别人身上，看见引发内心负向情绪的负面的自我。

和情绪对话

>>>＜＜

我怪罪你的力量有多大，
　　我心里的脆弱就有多大。
你害怕我怪罪的力量有多强，
你心里缺乏自信的程度就有多强。
我将我的不如意寄托在你身上，
　　如果你的心智够坚强，
就会知道你可以离我离得远远的。
即便我会在你身边刮起狂风暴雨，
　　你还是可以表现得云淡风轻。
　　　只有当你也在意我时，
　　　你才会被我的情绪寄生。

12 寄生效应
把我的情感张力，寄托于你

念硕士班时，我曾经在补习班教书。原本我的岗位是属于一位补教名师的，但由于某些因素，他被换到对手补习班任教。岗位之间的临时更换，遭到许多为他慕名而来的学生抗议，纷纷要求退钱。

我也曾是补习班里的一名学生，经理便询问我可否在此危机时刻帮忙救火。我年纪虽轻，"憨胆"却不小，毫不犹豫就答应了经理的请求，并立即投入了讲义的撰写中。没想到，等我站上补习班讲台的当天，竟发现自己撰写的讲义上印了一个补教艺名，而这个艺名和前一位老师的化名，虽不同字，读起来却是同音。

当年我二十三岁，憨胆有余、智慧不足的我，感觉哪里怪怪的，却没有去认真处理。老板说了句："这名字又不是谁的专利。"我就默默接受了。没想到，就是当时的这一个举动，竟让我在之后花了十多年的时间来收拾后果。

我怪罪你的力量有多大，我心里的脆弱就有多大

补习班的任教工作我很快就上手了，学生反响不错，人数也越来越多。没想到两年后，硕士班毕业的我进入职场，巧与前一位名师相逢，成了工作上多有交流的伙伴。更精确地说，我们原本站在两个补习班的山头，老天却大笔一挥，硬把我们圈进了同一个空间里。

我很早就认识这位老师，但不确定他是否记得当年的我，许多次我想开口提及此事，却不知怎么开口。这样一拖又过了两年，在我要离开岗位之前的一次谈话中，我终于主动说出自己担任补教一事。

"噢，原来是你啊！"他露出笑容，又道，"如果是你的话就没关系，你就跟我妹妹一样。"

当时的我就像从万里高空跳下，在急速落地前被老天爷的大手稳稳地托住，安放到平地。当晚，我开心地外出庆祝，终于放下心中大石，却忘了把手机带出门。回家后查看手机，挤爆的留言把我的心都听沉了。

先是补习班留言，说是有人到教室现场闹事，还有早先对我说"没关系"的师长，以及留下的哭泣怒骂的语音留言。

隔天，我辞去补教教职。十多年来，我都在反省：当初究竟发生了什么事？

这件事发生后，我在领域内变得很"红"。

博士班毕业，我开始到北部几所大学应征，认识的朋友常偷偷问我："你有没有得罪我们系上的谁？"他们说的都是年纪大我一截、让我十分尊敬的师长（我早先就读过他们的著作），这些人我一个也没见过，但他们仿佛都十分熟悉我，谣传我是个背信忘义又可恶至极的人。

一位研究生刚成为我的助理时，十分惧怕我，对此我一直摸不着头脑。直到快毕业的时候，他才告诉我，当年他要来我任教的学校就读前，曾有一位老师好心地提醒他：小心，那里有个很可怕的老师。"老师，可是我觉得你和我听到的不一样。"研究生这么说，我由衷地感谢他。

我也收过教育部来函，有人发信到教育部长信箱说，在网页上查到我违法担任某诊所的顾问。邀请我上电视的节目制作人接到匿名信后，说你们怎么可以找那种人上节目。素未谋面的心理机构人员告诉相关产业的厂商，说："小心一点，不要找那个人合作了。"

我敬爱的长辈忍不住问我："你是不是曾对那位老师拍过桌子，摔过门？"学校教授困惑地打电话问我："你有没有把所得税报在那位老师名下？"

然后某天，我突然收到一封对方亲笔写来的信，信末指出了我与他和解的方法。这种感觉很像被高科技的无人机锁定目标，虽然彼此早已没有联络，但你还是知道有人躲在生活暗处，紧盯着你。

不见得所有过往，都值得在你心上停留

坦白说，这些经历实在难熬，尤其当年我人微言轻，只有默默认命的份，个性也因此更加内向自闭。日子过得越辛苦，我越往心理治疗的专业里钻，越要靠自己的力量站起来，不知不觉地，接受了数百次的分析治疗。

某天我突然领悟：当我们觉得自己被人盯得很辛苦时，那个费尽力气要盯着我们的人，是不是过得更辛苦呢？一个人不把生命焦点放在自我发展上，却要花时间紧紧抓住与他无关的事，又是一种怎样的心情与生活呢？

当然，我也曾后悔当年，也曾想要和解。吃过几次闭门羹后，才发现对方想要的或许是"拿着"，而不是"放下"，想要让彼此情绪继续共生纠葛。然而，这是我想要的吗？我想要这样被别人的情绪寄生吗？

我没有一定的答案。或许，不同时期的我们，面对不同的人，会有不同的感受与心情吧。

然而，我想起作家张曼娟说的一句话："我们想做的事情很多，没空陪你们穷搅和，说实在的，我连停下来让你踩两脚、捅两刀的时间都没有。"

我十分认同这个观点。当我们面对他人的情绪寄生时,如果还在可以承受的范围内,笑笑地忽略那些攻击就好,也许别人只是借此在处理自己生命的议题。

但如果这种情绪寄生已经超越你可以接受的范围,那么为了你自己,请主动说出你想说的话,表达完之后,也请勇敢地把这些寄生情绪从你心里剪掉,你的内在才会让出空间,接受生命中新的美好。

终有一天你会发现,不见得所有过往,都值得在你心上停留,也不见得所有的人,你都要获得他们的认同。

勇敢地把寄生情绪从你心里剪掉，
你的内在才会让出空间，接受生命中新的美好。

寄生效应

为自己的不如意寻找一个代罪羔羊，有了怪罪对象就不用面对自我的脆弱以及其他更贴近真实的感受。

当人与人凑在一起时，便形成了人际关系的"系统"。倘若系统里的人际关系压力值升高，系统中的某个人，便可能借由引发问题来转移大家的注意力。这个通过自身症状来代替大家"发病"的对象，就是家庭治疗师所称的"代罪羔羊"。

这里提到的"情绪寄生"现象，将系统理论中的"代罪羔羊"概念加以延伸，指的是当人际关系或个人内在产生压力时，就会通过这种寻找"代罪羔羊"的方式，来倾泻内心的负面情绪，从而转移某些难以承受的自我的关注力。在这种状况下，理性通常难以发挥作用。

和情绪对话

一个商人带着一只骆驼去载货，
商人在骆驼的背上放了许多沉重的货物，
骆驼勉强撑住了。
没想到，这时风吹来了一根稻草，
稻草飘进了骆驼背上的那堆货物里，
这突如其来的轻如鸿毛的一根稻草，
居然把刚刚勉强撑着的骆驼压死了。
死去的骆驼来到上帝的面前，
哭着对上帝说："早知道我就踢掉几箱货物。
我早就想这么做了！"

13 稻草效应
当我对你忍无可忍时

一个女人准备要结婚了,准婆婆将她唤去,把家传的手镯传给她。"你是长媳,要担负起兴旺家族的责任。"准婆婆指着与自己房间最靠近的那扇门说:"未来这门后就是你的家,要记得丈夫是天,凡事要以他的意见为先,婚姻要懂得忍让。"女人默默地记下准婆婆的话,心里记挂的是,自己家里也有个身体欠佳的老母亲,需要女儿陪伴。

女人结婚后,婆婆不太喜欢她回娘家,女人虽然顾念母亲的病,但还是默默地遵循婆婆的教诲,即便她的先生知道岳母身体不好,也没为妻子说半句话。有时岳母的病比较严重,先生也只是站在自己妈妈的立场,让妻子别花时间去忙那些原生家庭的事。

女人继续默默忍让着,有时她会因担忧妈妈的病而夜不成眠。不仅如此,她还要耐着性子照顾喝得醉醺醺的先生。那天,刚好是婆婆七十大寿的日子，寿宴上，女人接到娘家兄弟打来的电话，说妈妈的状况不好，医生让家属尽早到医院做后续安排。女人听到消息，心里急得不得了，匆匆挂了电话，就要离开，先生却说："这是我妈一辈子一次的大日子，你就不能等到大家吃完饭，好好地送走客人，我们再一起离开吗？你现在走了，我妈在宾客面前会很丢脸。"

女人心想："这是你妈一辈子一次的大日子，我却连我妈会不会有以后的日子都不知道！"但她看着先生严肃的脸，终究还是妥协了。直到寿宴结束后，女人才催着先生离开。先生载着她前往医院的路上，还不太高兴自己太太送客时，脸上没有露出笑容。

赶到医院，女人在走廊上快步奔走，远远就听到病房里传来的哭声。她眼皮直跳，心里有升起一股不祥的预感。果然，一打开病房的门，一眼就望见已被医生确认死亡的母亲，哥哥和弟弟、妯娌和小孩们在母亲身旁分站两排，病床上的人尚有余温，却早无生气。

病房里的哭泣声此起彼落，一股既哀伤又愤怒的思绪涌上心头，突然她如同一位歇斯底里的泼妇，使尽全力指着站在病房门口、表情怯懦不安的先生，"都是你！都是你！都是你！你滚！你滚！你滚！……"

结婚多年，女人其实过得并不开心，朋友都笑她：怎么这么能忍？直到这一刻，她把过去的忍让全倾泻了出来。然后，就像最后一根稻草终究压死了骆驼般，他们的关系再也回不了头了。

即便遇到看似会导向不幸的元素，仍然可以有不同的选择

另一个女人也有相似的婚姻问题。

那是她生了宝宝之后，头两年孩子成长得特别快，衣柜里时不时会出现孩子穿不下的小衣服。女人会把衣服一件一件叠好，封装成袋，心里想着，也许下一胎还用得上，或者等自己的姐妹生了宝宝，可以借由这种分享来维系彼此的感情。

那天，一位远房表妹到家里拜访，恰好看到她刚整理好、还未收起来的小孩衣物。表妹惊呼："哇，这么多衣服啊，可以借我看看吗？我正愁着要给孩子买新衣呢！"婆婆听表妹这么说，连忙大方地说："这样啊？那你看看，有喜欢的尽管带走。"

"啊，这方便吗？嫂子不知道有没有其他用途？"

"还能有什么用途啊，你嫂子的不就是你哥的吗？那阿姨做主就行了，给你不等于是给自己人吗？"

女人原本在厨房忙着，无意间听到这段对话。她把手边水果削完装盘，端上餐桌加入婆婆和表妹的讨论，"表妹打算给孩子买衣服啊。这样，改天我要是看到有不错的店，就把地址发给你。"她笑着对表妹说了这句话，接着转身面向婆婆说："妈，这些衣服我想要自己留着。"

女人的直接似乎让婆婆脸上有点挂不住,婆婆说:"你留着有什么用?给你那些朋友就浪费了,你表妹是自己人,干吗这么计较?"

"妈,表妹如果喜欢,叫我老公给她买了送去,哥哥送妹妹东西也是应该的。这些是我的东西,就让我自己安排吧,好吗?"

这样一段话下来,她怕是把婆婆给得罪了,但婆婆也明白,媳妇的东西是媳妇的,她有自己做主的权利。同一个屋檐下的两个女人,彼此之间保持一定的距离,虽然少了融合在一起的亲密感,却也因此鲜少有纷争。

她们的关系就这样平平淡淡,勉强称得上相互尊重,以致于婆婆晚年躺在了病床,女人感念她多年付出,没有怨怼地在婆婆身边亲力亲为、善尽孝道。

我们无法决定自己的人生会遇到什么样的人,或者说,我们没办法决定遇到的人是不是自己想象的模样。然而,即便人生中遇到了某些看似会导向不幸的元素,我们仍然可以拥有自己不同的选择。

稻草效应

对其实无法忍受的事物，过分忍耐，会让人变得像一颗定时炸弹，因为一点小事就情绪大爆发；不愿忍耐自己无法忍受的事物，虽然随时都可能释放出紧张，但对关系反而没有毁灭性的影响。

弗洛伊德认为，面对某些不舒服的感受时，我们会因为无法处理而产生焦虑感，从而采用"压抑"的方式来抑制它。

这里谈到的"稻草效应"，探讨的即是"压抑"对我们情绪状态的影响。

和情绪对话

你的感受我都知道,

仿佛我也有和你一样的感受。

我不忍看你受苦,我想帮你分担你的苦难。

我不需要问你:"我这么做好不好?"

因为我就是你,我感受得到你,我是为你好。

即使牺牲自己,我也想让你过得更好。

你好,我就好了。

14 融合效应
其实是为自己，而不是真的为你

小时候，住在我家附近的邻居大姐姐怀孕了，肚子一天天隆起，许久后再见到她，她的小腹已恢复平坦，怀里抱了个小婴儿。我心里想，生个孩子竟是这么简单的事？

长大以后，我才知道一个生命的诞生，原来是如此不容易。怀孕数月，挡住我和脚趾头之间的视线的那个神秘球体，现在长成身边会张嘴大笑、大哭的儿女。还记得第一次抱着他们，他们看着我，我也望着他们，他们仿佛能感受到我的喜怒哀乐，我难过时他们垂下小嘴，我欣喜时他们眉开眼笑。我们自成一个小宇宙，整个世界都被阻隔在窗外，在遥远的蓝天的背后。

恋人之间也常有这种神秘的体验。在初次约会的月光下，在相互凝视的窗台边，我们能看进彼此的心灵，懂得对方最深层的哀伤与渴望，你的不快乐是我的责任，你的开心是我的成就，像是前辈子的命中注定，已经相识长达三生三世。

心心相印，你侬我侬，同步的感受发生在亲子间、情人间，在许许多多的亲密关系之间。但心理学偏偏要给它一个不浪漫的定义：融合。意思是心理分化的困难。

一份彼此在意的关系，让自己不知不觉被对方的喜怒哀乐占据

君君的爸爸在金融海啸的风浪中失业了，原本身居管理层，享受数百万的年薪，却在一夕之间变成被宰的肥羊，失去所有。虽然君君的爸爸不难另起炉灶，找到新工作，但他一直困在自尊心的关卡，不愿屈就于不如以往地位的工作，成天在家借酒浇愁，家人都十分担心。

君君每天放学回家，看见父母愁眉不展的模样，整颗心也跟着纠结起来，她觉得好像是自己念书花了父母太多钱，才害爸爸需要这么辛苦地工作。君君浏览了所有可能提供高薪的行业，最后瞒着父母打工，到酒店陪酒。酒店里不乏对她毛手毛脚的客人，但君君常常忍着不舒服的感觉去工作，拿钱回家时又强颜欢笑。她和家庭的关系本来十分紧密，母亲看她拿钱回来，又怎么都问不出钱哪里来的，便整日以泪洗面，整个家庭陷入压抑的气氛中。

我是因为你难过所以这么难过，你又是为了我痛苦才如此痛苦，那么，到底是你帮我好，还是我帮你才对？我们究竟该怎么办才好呢？

在亲密关系中，你我的情绪融合之所以如此难以解决，是因为融合的开始往往源自爱。一份彼此在意的关系，才让我们敏感地去体察对方的情绪，但体察太深时，我们又会不自觉地将自身感受的重要性降低，于是我们情绪的重心，不知不觉地被对方的喜怒哀乐所占据。这个时候，内在会浮现出一种很深的焦虑感，当对方的心情无法处于一种风平浪静的状态时，我们就感觉自己好像也被推到了浪尖上，非得做些什么，才能让情绪的海面恢复平稳。

你发现问题在哪里了吗？当"融合"的状态发生时，我们看起来好像想要为对方做点什么，事实上却是因为这么做，才能解除我们自己的焦虑。

这世上没有任何一段关系，能忍受永远的融合

我们再来想想，接下来会怎么样呢？倘若对方接纳了我们因为自身焦虑所做的事情，甚至认同了这些事情是为他们而做的，那我们可能越做越多，并逐渐让彼此形成一种互相依赖的关系。就像一个母亲老是要抱着已经学会走路的孩子，而孩子也因为不想让母亲失望，所以假装自己走路还走不好。

倘若有一天，其中一个人想要觉醒，离开这样的依赖时，往往会引发另一方的痛苦或谴责。但事实上，我们的内心深处清楚地知道：这世上没有任何一段关系，能忍受永远的融合。

朋友之间如此，手足之间如此，亲子之间如此，伴侣之间更是如此。活在融合里的人，其实并不能真正感到幸福，相反，他们是空虚的、不安的、辛苦的。

紧紧抓着彼此，是因为害怕放手以后，就没有独自活下去的能力。习惯紧抓不放之后，会把自己变得更加焦虑，然后焦虑就把你原本的潜能，全都封锁起来。

当君君理解到，陪酒工作是为了处理她自己的焦虑，而不是真正在帮父亲解决问题时，她辞去了这个让她感到不舒服的工作。后来，通过学校的安排，君君申请了提供住宿的产学合作，到外地的美容院当学徒。每个月领薪水后，君君都只留下自己生活所需的基本费用，其余全寄回家给母亲。几个月下来，母亲仿佛感受到君君的用心，脸上开始浮现出许久不见的笑容。

虽然父亲依旧颓靡不振，但喝酒也逐渐少了。几年之后，父亲终于被一个企业聘为顾问，薪水虽只有过去的十分之一，但这让父亲觉得自己又有了尊严。

君君慢慢体会到，父亲或许永远不可能像以往那样了。看着自己崇拜着、爱着的父亲，逐渐老去，不再精明能干，也不再目光炯炯，这是君君身为女儿的失落。但她再生气、再心痛，也很难改变什么，因为这是父亲自己需要面对的人生。

不论有多么艰难，我们终究得承认，每个人一生真正承担得起的，只有自己的人生。

不论有多么艰难,我们终究得承认,
每个人一生真正承担得起的,只有自己的人生。

融合效应

对所爱之人的喜怒哀乐过于感同身受，从而产生焦虑感，想要为对方多做些什么。

何谓婴儿式的不成熟心智呢？精神分析学者海因兹·哈特曼（Heinz Hartmann）认为，婴儿式的不成熟心智，就是一种内在"未分化"的心智状态，人与我、本能与本能之间都没有清楚的界限。因此，与他人相处时，也特别容易进入一种心理融合的状态。

成长过程中，倘若照顾者本身的自我主体概念清楚，就比较容易协助孩子逐渐获得"分化"心智的能力，在人与我的情感之间画出界限，知道自己可以承担与负责什么。但是，因为种种环境或自身的因素，"分化"能力不见得随着年龄的增长就能够充分拥有，因此，"分化"能力不强的人成年后面对人我关系时，便也容易因为别人的情绪而感到焦虑。

这里所谈的"融合效应"，即是指这种尚未完全分化的心智状态，持续对成年人所造成的影响。

和情绪对话

我以为我看见了你,我也确实看见了你,
但我的视线只是从你的瞳孔反射回来,
让我看见了自己。
因为我不敢看进你的瞳孔,
所以只看得见被你瞳孔映照出来的我自己。
如果我想看见的是你,
就要先接受,我其实看不见你。

15 透视镜效应
我知道你心里，就是这样想的

今年年假第一天，我收到一封读者来信。这位读者说，以往她每年过年都会和她先生起争执，尤其是结婚前几年，时常为了给公婆和娘家爸妈的红包金额多寡而吵架。

他们夫妻的状况是这样的：先生是家中独子，每年都想要包大红包给父母，老婆持家深感经济压力，觉得赚钱应该先偿还银行房贷，有余力时再多回馈父母。夫妻俩为了几千块差距的红包，年年争吵，仿佛在争论上百万的债务一般。

太太觉得先生太过理想化，不能体谅自己为了这个家庭的苦心；先生则认为太太对待家人太过斤斤计较，执着那些"小钱"一点意义也没有。从红包金额延展开来，可以发生争执的细枝末节，实在是太多了！

"个性不合的两个人，勉强要相处在一起，真是太辛苦了！"信末，她如是说。

只懂得结论而忽略探究细节，很容易陷入挫折感中

这封信让我想起，自己在婚姻中也是一路跌跌撞撞地学习，便忍不住提起笔来回信，和她分享我的想法。

我告诉她，当我们对一段关系得出某些结论时，常常会不小心忘记，这些结论可能是由许多主观看法累积而成的。只懂得下结论而忽略探究细节，很容易让人陷入挫折感中，找不到出路。特别在亲密关系中，我们总是自以为十分了解对方，就在不经核对的状况下，误以为对方就是我们想象的模样。

"比方说，'你觉得他太理想化'这点，听起来就非常笼统。有没有可能，你其实还有一些放在心里的感受，没有被你觉察到呢？"我问。

大年初一，我又收到她寄来的信。她说，初一这天，他们夫妻俩跟着婆婆去拜年，先生一路上都跟在自己妈妈旁边，与她的互动甚少，"我真的很生气，每次放年假，都会是这样。你说得没错！我心里确实还有很多感受。"

我问她，看到这些状况，她是怎么想、怎么解读的。她气愤地说，她觉得在她先生心目中，"他妈妈永远比他太太重要"。

"他怎么可以这样对我呢？我们结婚都这么多年了，我为他付出这么多，但他怎么可以把我看得这么微不足道？"她话匣子一打开，滔滔不绝地控诉起她先生来。说她先生一定是看不起她

的学历（先生是知名大学毕业，她是高职毕业），一定觉得在家带小孩的女人很无趣（她生了孩子后就不再出去工作）……重点是，她所说的这些内容，都不曾和她先生交流过。

"心里这么多感受，却都只是你自己的假设，好像从来没有跟你先生求证过，要不要去跟他谈一谈呢？"我问。

"要谈什么，证明他看不起我吗？"她说。

"如果真的证明像你说的那样，那也好死心了，不是吗？"

误解，需仰赖"我其实不了解"，才有被打破的机会

我们在年假间的谈话就这样结束了。年假后，我从南部回台北工作，一打开电脑就看到她发来的消息。

她趁着年假和先生谈了自己心里的感受，先生给她的回应大致是这样的："我刚到外地念书的时候，爸妈身上也没什么钱，可是每当我回家，他们都会把身上所剩不多的钱塞给我。所以对我来说，现在给爸妈多一点钱，不是在付出什么，只是回馈而已。我对爸妈是报恩，对你却是不一样的。"

"哪里不一样？"她问先生。

"一定要说得这么清楚吗？"先生说。

"那当然。"

"我对爸妈是报恩，对你是爱。"

我问她，这样沟通下来，她满意吗？

"满意。"她羞涩地说,"因为我终于知道他是爱我的。"

她的回答既让我觉得好笑,又让我觉得莫名的鼻酸。这不就是因为自以为透视到对方心里的"他不爱我",才搞成这样的吗?

我们在感情里渴望的,好像只是"我爱你""我很在乎你"这么简单的话,然而生活的柴米油盐,就像漫天风沙,经年累月地盖住了我们最单纯的心意。底层的心情被盖住了,我们就逐渐不知道怎么去表达了,于是便频繁地运用假设猜想,而不与对方做真实的沟通互动,实在太可惜了。

一段朝"合"前行的关系,即便大部分时间都在吵吵闹闹,但还是愿意开启心灵的眼睛,放开我们自以为能够全然透视对方的幻想,鼓起勇气去贴近对方真实的模样。

人与人相遇,总会因"自以为了解"而产生"误解"。这些"误解",则要仰赖"我其实不了解",才有被打破的机会。

透视镜效应

没有经过核对，就将自己心里的假设，认为是对方真实的模样。在人我关系中，越是亲近的关系，越容易出现这种"伪同理心"。

精神分析理论认为，婴儿时期的全能自恋，让我们误以为自己无所不能。这种误解让我们以为自己所看到的他人的表象，就等于他人内在的实相。

这里提到的"透视镜效应"，即延续这种自我全能式的思考，探讨我们在亲密关系中，凭借着对彼此的了解，就以为自己对他人的心态了如指掌的幻想与渴望心理。

和情绪对话

我爱你,却要表现出我讨厌你。

我欣赏你,却要表现出我不屑于你。

我不想离开你,却在你想靠近我时,把你推开。

我明明对你充满失望,却假装我一点也不在乎你,

这样我就不会对你乱发脾气。

因为那些爱、欣赏和渴望,对我而言太冒险了,

还是小心翼翼地收藏起来,

才不会破坏我的优雅、毁坏我们的关系。

16 反向效应
用相反行为，来掩饰真实感受

一对夫妻，一言不合起了争执。先生嘲讽太太做事情吹毛求疵，管自己就像盯小偷一样，一点儿都不温柔可爱。太太平日最讨厌被称为女强人，先生的说法自然是踩到了她的地雷，在她心里点燃了两把火：其中一把火，烧得她想大发脾气，狠骂先生一顿；另外一把火，烧得她充满委屈，觉得先生看不见自己的关怀与爱。

这两把火在她内心熊熊燃烧着，却不能烧进现实。因为第一把火若烧进了现实，就证明她真是一只母老虎；而第二把火则会烧光她的面子，在说话恶毒的老公面前，她会变成为爱求饶的没出息的家伙。

她没办法把这两把火当成圣火一般传递出去，只好把它们留在心里。这两把火烧哑了她的喉咙，也烧坏了她丰富的面部表情。她端出一副冷冰冰的脸孔，对待那不识相的老公。

一天过去，两天过去，三天过去……先生早已消气，想向太太求和，太太却始终无法跨出这场冷战。藏在心里的这两把火，如果一响应他的和好，就会止不住地再度燎原。

为了证明自己不是这么想，也没有这样的感觉，我们常常得耗费力气，去做许多违反心意的情绪化反应。

我爱你，却要表现出我讨厌你

改编自世上最高赌注的地下扑克游戏经营者茉莉·布鲁姆（Molly Bloom）自传的电影《茉莉牌局》，描述了一个这样的故事：

茉莉曾是一位优异的滑雪选手，品学兼优，她的父亲是一名大学心理学教授。茉莉小时候原本和父亲关系不错，没想到进入青春期后，父女俩的关系日渐冷淡，父亲后来和母亲离婚，茉莉便不再与他联络。

茉莉年少时在滑雪场发生意外受了伤，从奥运比赛的金字塔上高高跌落，她暂停了到法学院念书的计划，拿自己存的钱寄居在朋友家，脱离了原来的生活，到处打工。因缘际会下，茉莉凭着聪明才智进入地下赌局，成为赌局的经营者，但也因此沾染上毒品，并涉足毒品交易等非法行为，这让她面临锒铛入狱的危机。

等待司法判决的空档，许久不见的父亲前来寻找茉莉，用心理医师般的强硬态度，要茉莉坐下来，和他进行三个真心话问答。

父亲先是质疑茉莉，因为渴望操控有权势的男人，才会走上歪道。父亲这句话相当犀利，就像在运用心理学，指控自己的女儿因为剪不断恋父情结，才会变成一个坏女孩。

茉莉当然皱起眉头否认，并且反击父亲，说他在婚姻里是个混蛋。父亲面露微笑，一副专家模样，茉莉终于愿意把真心话说出口，但他也反驳说，自己的薪水养大了三个孩子，其中一个是奥运金牌选手，一个是外科医生，另外一个只靠着聪明的脑袋就创造了数百万美元的商人。

即便自己变成一个坏女孩，父亲还是用引以为傲的口吻形容她，这点让茉莉眼里的泪水忍不住掉下来。接着，父亲逼着茉莉一定要问第三个问题。

茉莉迟疑，终于说出藏在心底的疑问："那你为什么讨厌我，偏心弟弟？"

父亲叹了口气，然后告诉茉莉隐藏内心多年的真相。

原来，茉莉五岁那年，看到了父亲出轨。为了掩盖内心深处的震惊与失望，她才那么生父亲的气，并且通过怒气来远离她深爱的父亲。

父亲也是如此，当他发现茉莉知道了自己不可告人的秘密，便用"假装不喜欢女儿"来拉远与茉莉之间的距离。"我喜欢你,只是我装作不喜欢。"这是一个父亲对羞耻的反应。

我爱你,却要表现出我讨厌你。这真是世界上最遥远的距离。

或许非得等到有一天,我们在亲密关系中冷战得够多了,才会发现自己原来有多么爱这个人;或许要等到我们庸庸碌碌得够久了,才会发现马不停蹄地工作的背后,只是因为我们害怕与空虚的自己独处。

跟着时间的脚步,过够了反向的人生,心灵总会带着我们,回到自我的正道上。

反向效应

为了要隐藏自己的真实感受,刻意做出相反的情绪反应,以免不小心泄露了心里的秘密。

精神分析学派创始人弗洛伊德认为,当我们内心被焦虑感占据时,会不自觉地产生某些行为来减少心里的焦虑,这些行为被称为"心理防卫机制"。"反向作用"即为"心理防卫机制"的一种。这里所说的"反向效应",就是延续这个概念而来。

和情绪对话

你根本不用和我解释,你是什么样的人。

因为早在你向我解释之前,

我就已经认定,你是什么样的人。

你是不是我所想的那样的人,根本不重要。

重要的是,相信你是这样的人,是我的选择。

而我要不要改变,不是你能决定的。

17 眼盲效应
看见想看见，听见想听见

阿奇和阿娇在班上吵架。阿娇是个品学兼优的好学生，阿奇功课不好，平时又容易闯祸。两个人吵得不可开交，引来了班主任老师。老师走向两人，二话不说地把头转向阿奇，大声怒斥："阿奇，你又做了什么！"

是的，老师带着肯定的语气，一点儿也没有疑问地就觉得是阿奇惹的祸。阿奇心里觉得委屈。事实上，刚刚的状况是，阿奇的妈妈来学校送便当，被阿娇看到了，阿娇就嘲笑阿奇的妈妈是穿着俗气的"番仔"（原住民），阿奇这才气得推了阿娇一把。

可惜老师根本不关心两人纠纷背后的缘由，就直接认定阿奇是做错的那一方。

阿奇的妈妈听说此事，也听闻阿娇平时就常找阿奇麻烦，她左思右想，决定到学校来找老师沟通。阿奇妈妈将自己所知的学校状况告诉老师后，老师惊讶得瞪大了眼睛：怎么可能和她脑海中想的截然不同？

老师找班上同学一一询问，同学们不想惹事，大多说自己什么也没看见，什么都不知道，问了一圈都没什么结果。于是，老师将阿奇找来，循循善诱、谆谆教诲，言下之意是阿奇可能误会了阿娇，要阿奇回去跟妈妈说清楚，阿娇并不是那个意思。

阿奇对这样的结果感到失望，对老师更是心怀愤怒，他更讨厌阿娇了，觉得阿娇就是个无可救药、不可一世的虚伪之人。从此以后，阿娇的一举一动都令阿奇感到嫌恶。明明是邻座的两个同学，却直到毕业都不再交谈。

主观宇宙，只看得见自己想看见的东西

多年后，阿奇和阿娇在同学会上重逢，两人都学有所成，有各自的家庭，当年恩怨早已化为宇宙中毫不起眼的一粒沙。酒过三巡，阿奇主动问候阿娇，玩笑似的埋怨阿娇中学时的霸道，阿娇才偷偷告诉阿奇一段写在自己日记上的秘密：

> 我走进班里，看见那个让我心动的男生。
> 我的书本在他旁边掉落，当我蹲下捡起时，他斜着眼睛瞄了我一眼，那种表情很像是在告诉我，我是一位打扰到他的不受欢迎的不速之客。
> 班上同学都喜欢我，只有他对我十分冷淡。我觉得

丢脸，非常。

阿娇写的男生就是阿奇。原来阿娇小时候对阿奇表现得跋扈，是因为情愫作祟的反向作用。只是妹有情，郎却似无意，再加上被好学生光芒刺到眼盲的老师的误判，好好的一对同学，差点连朋友都做不成。

现在误会解开，阿奇和阿娇都觉得惋惜，当初为此受了多少不白之气。

很多时候，我们习惯相信自己的主观。我们的内在像一个特别的小宇宙，里面承载着各种根深蒂固的信仰与价值观，当我们站在这个宇宙去观看世界时，就只看得见自己想看见的东西，并且抓取与我们内在价值相符的证据，来验证心里的观点。于是，主观随着时间变得更加主观，逐渐形成了情绪上的眼盲状态。

常见的状况是，我们根本连当事人都不是，就凭着一己之见，胡乱下判断、做臆测，散播着不见得符合事实的谣言。

难以看穿世间真相的，容易眼盲的自己

眼盲效应在"大人的世界"也颇为常见。每到政治选举、学术遴选、组织升迁，甚或是牵涉到与个人利益相关的芝麻小事，都会逼出一堆明显眼盲的"黑函"和"谣言"，如机关枪般四处扫射，攻击异己。

我的不少亲友，包括我自己，都遇到过类似的事件。我所认识的人遇到这种状况时，几乎无不捶胸顿足，想要为自己辩驳。几轮争辩下来，大部分人会发现，这种无谓的抗争其实没什么意义。

因为所谓的"黑函"和"谣言"，本来就是一种眼盲策略，专门用来迷惑人们看待事物的视角。而这个可以被迷惑的基础，则在于大部分的人在发生某些事情前，早就在自我的小宇宙中，夹带着一种不为人知的价值观。换句话说，那些相信你的人，收到与你有关的告密信、谣言，他们只会觉得你被诬陷了，从而与你同仇敌忾；而那些原本就不相信你的人，听到与你为恶的风吹草动，也只是拿此来说嘴，证明自己心中的想法罢了。

当你看清楚这种迷惑以后，就会发现我们的情绪没什么好波动的。"眼盲效应"对我们来说最大的好处，便是可以帮忙找出那些愿意信任你、在你遇到危难时对你挺身而出的伙伴。

当然，听到别人对自己产生误会，心里肯定很不舒服，但有一天你会发现，其实很多时候，我们也是这样对待别人的。所以，实在很难判断，究竟是自己眼盲的时候多，还是别人眼盲的时候多。

人生苦短，我们何必浪费时间，和根本难以看穿世间真相的、容易眼盲的自己和他人过意不去呢？

我们的内在像一个特别的小宇宙，
里头承载着各种根深蒂固的信仰与价值观，
只看得见自己想看见的东西。

> **眼盲效应**
>
> 选择性地看见和自己主观意识相符的现象,以此来验证与维持自己已经习惯的情绪状态。
>
> 卡尔·罗杰斯(Carl Rogers)在心理治疗中提出"现象学"的观点,认为我们都以一种独特的观点看待这个世界,以主观现实来解读外在环境,而非实际现实。

和情绪对话

当你们彼此之间不再和善相待,
那道黏合我们关系的墙就崩塌了。
情感裂开了,想法裂开了,价值观裂开了,
连道德水平也裂开了。
我的情感被你扯着,想法被他扯着,
道德水平被我自己扯着。
最后魔鬼用生存法则来诱惑我,
为我计算出通往权力的那条路。
我只好剪断拉扯,和你说再见。
我知道你会理解我的选择。

18 西瓜效应
我们都只是为了生存而已

大学同系的班对（同一班级里的小情侣）分手了，原本玩在一块儿的同窗好友，很自然地分散成两个群体。班对里的男生后来又和系里的另一位女同学交往，这回两人顺利地走进了礼堂。发婚帖时，帮忙拟宾客名单的大学好友，自动略过了新郎前女友派系的人。

婚礼热热闹闹地举行，席间一位同学随口问道："那个小花，还有那个小美，怎么都没来参加呀？"

笑容瞬间在新人脸上冻结。另一位识趣的朋友赶紧举起酒杯："哎呦，我们早就不熟了！"好友们尴尬地互使眼色，暗示朋友别再轻易提起敌方派系。

这也是我们情绪惯性中一个相当有趣的现象：当一个团体出现分裂时，就像一把刀将西瓜剖成两半，我们直觉地去体察那些分裂背后的细微情感，并且依照自我的立场、与对方的关系，去做适合自己情感上的选择。

我们之所以有某些作为，不过是为了要生存

我也曾是一次分裂事件中的主角。我还没进大学任教前，在朋友辗转介绍下，认识了一位想要创业的朋友Adam。Adam约我在一间咖啡厅碰面，告诉我他的创业计划，我相当欣赏他那热情的冲劲，加上有熟识的朋友引荐，就没有多考虑便答应加入他的团队帮忙。我和Adam及那位朋友，以我的名义，联合开设了一间小小的咨询所，执行Adam承接的某些计划。

一开始，我和Adam意气相投。我当年处事步调相当迅速，Adam更是天马行空地编织未来的梦想，并且很快找到几位理念契合的伙伴。眼看各方面的资源都要到位了，Adam却告诉我，他出现了财务周转的困难，问我能不能借一点钱给他。

对此要求，我既犹豫，又不想看着先前的努力付诸东流，和先生商讨过后，向双方家人分别借了点钱，凑了几十万给Adam。Adam收了钱后，没有开给我们与金额相对应的借据，反而开了一张比借款金额高出数倍的"虚拟"股份单据。对我这个借钱初体验的呆子而言，此举还真是令人感动万分。

我就在这种状况下，莫名地从一个"借款人"，成了一位"投资者"。这，就是我们之间理不清楚的友谊。

有了这笔钱（或者还有外头其他的钱）的挹注，Adam的公司开张营运，我们因金钱更紧密地绑在一起，我自觉更有义务要帮助他，还介绍了一些人脉帮他开课。当时我刚准备进入大学任教，于是Adam又面试了一位专业人员Maggie，要她来接替我的位置，成为咨询所的新任负责人。

我进入大学任教后，开始忙着学术工作，Maggie和Adam则投入营运。Maggie计算成本、联络开课。课开了，学员缴的高额报名费却进到Adam的户头。我有空时与他们开会，听Maggie抱怨公司、抱怨Adam，我虽然不怎么清楚状况，但是听到这些后还是跑去质问Adam。

某天，Adam和我大吵一架。隔天，他就换了公司的门锁，把与我相关的人员通通赶了出来。原本开的年度课程顿时没了教室，上课教师也没了课时费，我和Adam再怎么吵我也没办法把上百万的报名费从他户头里转出来。幸好，有位好心的上课教师不仅帮我借了间教室，陪着我一起当义工，还负责任地将报名学员的一年课程，按月上完。这份情义，我永远都不会忘记。

我必须承认，一个团体的分裂，双方都有责任；好好的梦想会落得如此下场，我自己要检讨的地方也很多。但最有趣的是Maggie，我为了她的抱怨和Adam吵架，她却在我们分开后，和Adam变得关系紧密，甚至到处告诉别人，仿佛上百万的报名费是被我独吞了，让那位可怜的老师做了一整年的白工。

年轻时，我惹下的两大祸事就这样撞在一起，让我在领域内的处境更加堪忧。西瓜效应的结果，就是原本以为关系不错的朋友，明明都听到了许多不合理的谣言，却没有人愿意主动帮你澄清，就算不小心碰面时，他们以为我什么都没听到，我也装作自己什么都不知道。

我是直到开始写作，逐渐有许多人愿意给我机会之后，才从这些风暴中，一点一滴地找回对于人性的信任感。等我觉得自己的脚步稍微站稳一些后，才有些领域内的朋友，主动和我说起这些事情，"我就觉得不合理啊！如果你把那老师的课时费给吞了，为什么他还跟你这么好呢？"

但我想，愿意在当年为我说话的朋友，大约也没几个，只是对现在的我而言，这些也不那么重要了。

现在，某些夜深人静的时刻，有关这些事的回忆与画面，依然会不经意地浮现在我的脑海里。一方面我学习自我反省，另一方面我学着重新认识事件中的每一个人物。他们为何会如此无情？他们的心情是什么样的？

我越来越明白，每个人，包括我自己，我们之所以会有某些行为，都不过是为了要生存下去罢了！在生存的理由下，实在没有什么是不能释怀、不能原谅的。

西瓜效应

维护对自己有利的人、事、物,打击对自己不利的人、事、物,以保障自我的生存权利。

精神分析学者哈里·斯塔克·沙利文(Harry Stack Sullivan)对于人际关系甚有见解,他借用生物学的理论,提出人际情境中的"共同生存原理",认为生命有赖持续与环境交换能量,才能生存下去。

沙利文所提到的"环境",包括了文化环境,而文化是人所创造的,所以文化环境也就是人与人的环境。换句话说,我们的生存有赖于与我们有共同价值思想的人。这里提到的"西瓜效应",虽然因俚语"西瓜偎大边"(吃西瓜时抄起较大的那块)而命名,但内容谈的则是在求生存的原则下,人们如何选择与自己共存的文化环境。

亲密关系中最决绝的八句话

1."你看，你就是这样，永远都不会改变！"

这是一种贬抑的表达。越不容易改变的人，越讨厌别人否定他的改变。

2."你看看人家，什么都比你强！"

这是一种贬抑的表达。通常这句话在女性对男性、父母对小孩说时，杀伤力最强。

3."如果不是我，我看你注定孤单一个人。"

这是一种贬抑的表达。除了是一种高姿态的责备，也会勾起分离的焦虑。

4."你烦不烦啊。""你让我觉得很恶心。"

这是一种贬抑的表达，并带有人格上的攻击。

5."你有什么资格管我？"

这是一种防卫的姿态，并把关系的距离拉远。

6."我的事和你一点关系都没有。"

这是一种防卫的姿态。语气越冷漠,感受上就越伤人。

7."你爱干吗就干吗,我不在乎。"

这是一种防卫的姿态。通常这么说的人,内心的想法是相反的。

8."你说的都对,可以了吗?"

这是一种拒绝沟通的表现。

Part 3
情绪，一个好不容易生存下来的我自己

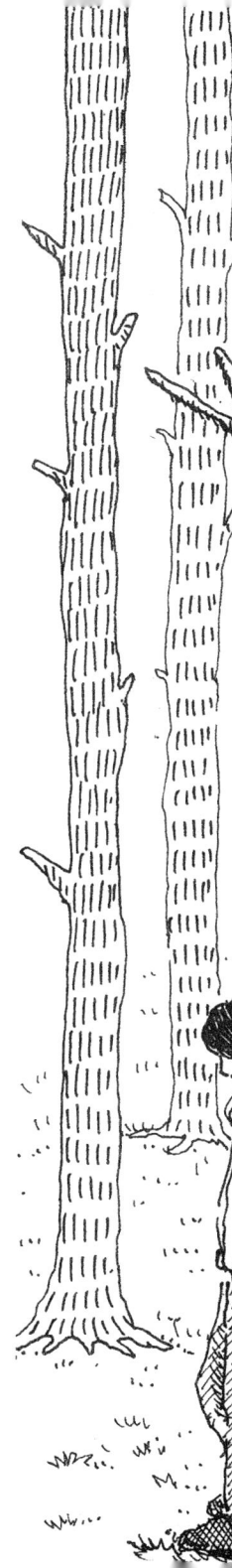

和情绪对话

小时候,常常幻想自己赶快长大,变成一个大人,
可以拥有独立的生活,决定自己想要什么。
长大以后才知道,大人常常也没办法决定自己想要什么,
他们还要承担对关系、对社会的责任。
但是这些大人,有时候会耍起性子,丢掉他们的责任;
有时候会因为不得已,无法担当起自己的责任。
所以这些大人的小孩,伸出还没长大的手,
帮忙扶起摇摇欲坠的家,把失去功能的大人缝补起来,
让他们继续维持一个大人的模样。
而这些小孩,外表还是小孩,心里却是大人了。
心里像大人的小孩,变得比心里像小孩的大人更坚强。
他们连伤心的时间都省略了。

19 早熟效应
没有当够小孩，就被迫长大

我要说一个被家暴的小孩的成长故事。

据她的形容，她的爸爸是个赌徒，欠了很多钱就跑了，留下她和母亲相依为命。母亲交了新的男朋友，两人开始同居。这个她称为叔叔的男人脾气不太好，喝了酒就会打她。有时发起酒疯，把她的头拽起来就往墙上撞。

但其实她心里最气的不是这个男人，而是在旁边观望却无所作为的母亲。所以，她常常一个人偷偷地抱着爸爸留下来的衣服哭泣、想念。

她念大学后，母亲得了癌症，躺在病床上，同居的叔叔也跑了。她每天带着怨怼，却必须照顾妈妈，一种说不出口的感受卡在心里，让她开始产生暴食的症状，发作起来痛不欲生。不懂的人觉得她是个怪人，就连好几次恋爱都失败了，她觉得自己的人生了无希望。

没有好好当过孩子，也很难成为一个真正的大人

我们相遇时，每个礼拜她来找我谈话，天上总会莫名地下起小雨。每次我看到雨落下来，心里就想叹气，因为她在会谈室中，总是重复地埋怨那个让她觉得又生气又烦躁的母亲："那个女人真的很没有用，她不仅没有保护我，而且不断地伤害我。"

谁知道某一天，她来到我面前，若有所思地说了一段与之前截然不同的话。她说："老师，我觉得我妈妈可能不是只有那种恶毒骂人的脸，或见死不救的臭脸。"

"喔？是吗？怎么突然有了这种感觉？"我问。

她告诉我，因为她这个礼拜在路边遇到一个卖豆花的少妇。

那是一个放学后的日子，她走出校门口，走了好久，看到路旁有一个卖豆花的少妇。那时候太阳刚快要下山了，夕阳的余晖刚好洒在这个少妇的身上，少妇的推车上有两个大大的铁桶，其中一个装着没卖完的豆花，另一个桶里装着一个小女孩。小女孩在铁桶里面睡觉，没有客人的时候，少妇会轻拍小女孩，看着她睡觉。

这一景象，在她心中形成极为戏剧化的一幕。她告诉我，当时阳光洒在少妇的侧脸上，少妇的表情看起来温柔无比。

"老师，你知道吗？其实我妈妈也有过这么温柔的脸庞。"说完这句话，她哭了。几个礼拜以来，第一次，她哭了。

眼泪好像释放出了很多复杂的心情。她开始告诉我从前是怎

么和妈妈相处的，从前爸爸还在的时候，他们三个人常常出去玩，那是她生命中最幸福的时刻。"可是我真的好恨他，怎么可以丢下我们就走？（我想，她指的是爸爸。）我也好恨她，怎么没有阻止他？（我想，这指的是妈妈了。）"她说。

"会不会其实你也很怪你自己，他丢下你们的时候没有阻止他？"我问。无声的哭泣仿佛说明了一切。

我想，她将父亲离去的失落，将那些无法对父亲表达的气，放到了她与母亲的回忆上。于是她明明对着的是母亲，却不由自主地有了对父亲的期待与愤怒，所以在母亲罹病卧床之后，她开始勉强自己要变成母亲的守护者，这就让原本无从表达的心情，变得更加纠结。

多少人身上有这种毛病呢？

我想起在许多传统的家庭中，父亲常常是缺席的那个角色。他们可以有千百万种理由，留下家里的孩子与母亲。

有的家庭孩子多，母亲如果变成吐苦水或含泪的怨妇，手足之间还有的商量。长大以后，有能力的、比较能放下家庭的孩子，就会选择展翅高飞去追求自己的新生活，但家里总会留下一个走不开的孩子，继续代替父亲，成为那个"母亲的守护者"。只是他们心里却好像有一种无奈，那是什么？

喔，或许是我们忽略了，不管如何坚强的人，也都有被人照顾的想象和渴求，或许那种无法心甘情愿的感觉，是因为我们不曾在一个"小孩"的位置上，自由自在地过过自己的人生。没有好好地当过孩子，势必也很难成为一个真正的大人。

是非黑白，最终会融合成一种灰色的美感

很多年以后，我才真正明白当年我与她相遇时，我的功能是什么。

是的，把她的欲望接过来，让她能回到小孩的位置上，将任性、愤怒与不满宣泄出来。直到她觉得，够了。

她母亲临终前，好像回光返照一般，突然对她说："妈妈真的觉得以前好对不起你呀。你原谅我好吗？"

为了让妈妈安心离去，她点点头："我原谅你，我原谅你。"

"其实，我只是为了让她走得安心，我并没有真的原谅她。"诉说这段经历时，她这么告诉我。

能够把这种话说出来，我真替她感到开心。当她内在孩童般的任性有重新发作的空间时，才会有能力真正看见并满足他人的需要，而不必因为好像没有真心原谅而感到愧疚。

时间继续流动，她继续说着，回到孩童般的心情后，同样的事情好像有了不同的层次：

那个有时见死不救、凶狠的母亲，也曾有过温柔的一面；

那个她不断思念的、宠爱她的父亲，也有抛弃她们母女的一面。

面对过去，就像陪着年幼的自己，从头长大一次。背后的意义，不见得是和那些成长中经历的人、事、物进行和解，而是和我们心里的阴影和解。

原本难以接受的是非黑白，最终会融合成一种灰色的美感。

曾几何时，灰色，好像变成了人世间最美的颜色！

面对过去，就像陪着年幼的自己，从头长大一次。
背后的意义，不见得是和成长中经历的人、事、物进行和解，
而是和心里的阴影和解。

早熟效应

因为家庭中有某些失去功能的成员,导致孩子在情感尚未真正成熟时,就被迫要当个大人。

家庭治疗中有个"亲职化小孩"的概念,指的是当家庭失去功能时,由于大人无法承担起自己的责任,小孩就被迫补位,变成家庭中需要发挥功能的那个角色。这里谈到的"早熟效应",即是延续这个概念而来。

和情绪对话

我被生活捆绑,被规则捆绑,被别人的心愿捆绑。

我制造了完美,创造了优异,满足了别人的幻想。

但我在镜子里看到一个怪孩子,

没有眼睛、鼻子,张大的嘴巴却夸张地笑着。

太诡异了,我只好把镜子打碎。

20 逆反效应
为喘不过气的生活，寻找一个出口

20世纪80年代，台湾巷弄里还十分流行装潢简易的"柑仔店"（中国台湾地区早期杂货铺的通称），里面摆满了各式各样的杂货、零食，被大人牵着手经过这里的小孩，经常吵着要大人买糖吃。

我就读的学校旁边就有一间柑仔店（即杂货店），每到放学时，都有大量的学生涌入。最受欢迎的，是柑仔店门口那一整排的零食机：米果巧克力、足球巧克力、沾满红色酱汁的鳕鱼片……一块钱硬币一转，掉下来的不只是课后果腹的零食，还是身为小孩的一份骄傲。

我是家中的独生女，母亲习惯一早出门时，为我准备营养充足（她认为）、但不一定美味（对我而言）的早餐，又出于各方面的考虑与担忧，母亲完全不让我带半点零用钱。如此一来，当同学们课间纷纷奔往"学校福利社"，或下课后经过柑仔店的时候，我手上便没有任何筹码可以享受那份身为小孩的骄傲。

我自小就被父母送去上各式各样的才艺训练班，心算、速读、打击乐等，考试自然难不倒我，成绩好时，还被老师指定为班长。当时，班级中与我比邻而坐的，是一位身形瘦小、胆小怯懦的女孩，我不知道老师如此安排座位的理由是什么，只觉得自己和旁边的同学俨然是不同世界的人。

有趣的是，她身上每天都带着五元、十元不等的零用钱。

即便我个性好强，但每当看见邻座女孩从"学校福利社"带回零食，或放学时走进柑仔店享受"小孩的骄傲"时，我都无法克制地将视线瞄向她，用嗅觉贪婪地闻着求而不得的食物香气。有几次她发现了，怯生生地将手上的食物递给我，一副担心自己被拒绝的模样。

我毫不犹豫地接受了，顺便抓住她想与我为友的想法，变本加厉地开口向她借起钱来——每天。

这逐渐形成我与她的秘密交友模式。当然，这些钱，我从来也没有还过她。

长大懂事后，这段回忆在我心里留下一种说不出口的耻辱。

叛逆，是青年人的呼救，是想要贴近父母的最后一道岗哨

成为咨询心理师后，我对青少年和成年前期学生的偏差行为研究特别感兴趣：

当选模范生的大学生，在一次同学会后，鼓动大家将其中一名女同学载到海边，脱掉她的衣服，将她丢弃在无人沙滩上。

全班第一名的女生，在毕业前一个月无预警地偷了班上同学的钱包，后来又被发现她在同学的饮用水中加入了洗发精、漂白水。

一位师长们眼中的乖孩子，原来是联合班上同学在网络上辱骂某位同学，让同学不敢再来学校上课的策动者。

一个又一个优等生逆反的故事，时常在我心头反复播放。好像遇见当年的自己，在一个贴满金箔的宫殿里，被周围闪亮的金属光芒刺痛了双眼，看不见天空的指向。刚开始，你会觉得这样的生活无可抱怨，逐渐地，你会想要戳破那些华丽的装饰，想要穿越眼前的阻碍，看见外面湛蓝的天空。

光明正大地去做，像要戳破整个家庭的梦想和父母的幻想。所以只能偷偷地反抗，用凿壁偷光的方式，一点一滴地宣泄自己，使自己免于变成一颗不知何时会爆破的气球。

干点坏事，小小而不为人知的坏事，是青少年的叛逆。既想要被你们发现，又不敢想象被发现的后果。

做坏事却没被抓到不是幸福，因为这种挣扎还得继续下去。最后，做小坏事没有被发现的青少年，会成长得越来越坏；而逆反不成的青少年，则长成郁郁寡欢的大人，转身面对自己的孩子，不愿承认他们心里也有反叛，也有愤怒。

叛逆，是青年人的呼救，是想要贴近父母的最后一道岗哨。可惜，别人不见得懂得，也不见得看得到。

每个时期，我们都会见识到自己与生俱来的各种模样

大学毕业后，我们有的选择深造，有的步入社会工作。某天，一位当空姐的同学回国，约了几位昔日同窗碰面，我和当年被卷进我小坏事里的邻座女孩，都在这场同学聚会的名单当中。

赴约前，我心里充满忐忑：她会出现吗？听到我的名字，她还会愿意来吗？这些年，她过得好吗？

我知道同学会那天恰好也是女孩的生日，就鼓起勇气买了一个生日蛋糕，打算帮她庆生，可是我心里没有把握这个蛋糕一定会等到它的主人。

果然，大家都入席后，仍不见她的身影。我因为往事的羞耻感，迟疑着没敢开口询问她的行踪。正当内心升起一股失望时，却瞥见她匆匆赶来的身影。

我递出了蛋糕，心里仍担心她的拒绝。可是她露出了微笑，我不禁怀疑她是否忘记了童年的一切。但蜡烛点起时，我觉得多年来藏在内心深处的羞耻感，也随着蜡烛的燃烧逐渐融解：我有我的生命议题，而她有她的，我们在过去的某个时空中相遇，在相处中碰撞出彼此的生命议题。

老天给我们如此机会，不是要在创伤和耻辱中毁灭我们，而是要我们通过这些经历认识自己，贴近自我的限制与挣扎，并将它们转化成让生命得以继续前行的力量。

"好久不见，你好吗？"我问她。

她对我嫣然一笑。成为社会精英的她，是那么美丽又有力量。我感受到，童年的孱弱，同侪的忽视与嘲笑，不过是她生命中的昙花一现而已。每个时期，我们都会见识到自己与生俱来的各种模样。

被过去牵绊着、无法向前走的人，有可能就会错失这种美丽的契机。

有人问我，如果同学会她没来，我会怎么样？

我没有答案，但我想，或许会让我有另一番体悟、另一番自我认识。

这些认识是为了更贴近自己，而不是为了要给别人什么交代。

逆反效应

借由叛逆的行为，来抒发无法掌控自己生活的苦闷感，想要证明自己对生命仍有一定的主权。

精神分析大师温尼考特谈到青少年的偏差行为时，用"呼喊"的概念来形容这个现象。他认为，如果我们没能在足够好的环境中长大，便会缺乏爱与关怀的能力。在这种状况下，我们会将某些"小罪行"作为呼唤，期待照顾者能够调整与我们的互动方式，所以"偏差行为"有时反而是一种代表希望的象征。

倘若"小罪行"还不足以唤起照顾者以更好的方式照顾我们，那么可能最后一点希望也会没了，我们会放弃对世界的爱，做出更多坏事，甚至想要虐待周围的人，让他们受苦。

这里所提到的"逆反效应"，主要是针对人们还对世界怀抱希望时，所做出的"小罪行"。大部分的人，会在这些行为过后，发现自己并未真正走上歪路，甚至还存活下来，于是能重新审视自己与环境的互动，决定未来的目标与方向。

和情绪对话

没有当够小孩的人,也常常当不好一个大人。

如果他们白天费尽心力扮演大人的模样,

晚上就要像个小孩,躺在妈妈柔软的乳房上。

有些时候,甚至还不到晚上,

他们就要在街上哭着找妈妈。

不明就里的人,会觉得他们这样很恶心,

会嘲笑他们,会和他们生气,

所以他们挫折地趴在地上大哭大闹。

直到有人伸出一双温暖的手,拉了他们一把。

是谁那么好心呢?

哎呀,原来是白天那个长大的自己。

21 退化效应
与现实不符的内在心理年龄

一位国外的精神科医师,遇到一个有自杀倾向的女孩。后来,女孩因为自杀未遂而被送到医院。

住院一阵子后,某天,女孩告诉医师:"我会到顶楼去跳楼自杀,请你去一楼把我接住。"

医师心想:"我哪有这么笨,你要自杀,我还乖乖地去把你接住?"

没想到女孩真的跑去顶楼,并且不忘提醒医师:"等一下我要跳下去,你去一楼把我接住!"

情势紧张,医师没有别的办法,只好跑到一楼去准备接住女孩。

医师下楼准备好,张开双手对楼顶上的女孩说:"好了,我在这里把你接住。"同时间他闭上眼睛,不敢往上看。

周围静默许久,一点儿也不像有事故发生的模样,医师睁眼一看，女孩已主动离开了顶楼。回到病房，女孩对医师说："刚刚，我当作你已经把我接住了。"

医师松了一口气，幸好。

医师万万没想到，他与女孩再度碰面时，女孩竟拿着个奶瓶对他说："医师，我现在是婴儿，请你喂我长大。"

医师看着眼前的妙龄女子，实在很难把她当成襁褓中的婴儿，但他仍然没有别的办法，只好拿起奶瓶，喂养眼前这个大人模样的"婴儿"。

喝完奶后，女孩对医师说："你刚刚把我养大了一岁。"之后每个礼拜，医师都用奶瓶养大女孩一岁。

女孩后来出院了，并且好好活着。

童年残留下来的焦虑，成年脱离不了情绪化

这种情况发生在我认识的一对夫妻身上：太太个性泼辣，心情好的时候很温柔，闹起来时却变得张牙舞爪。

丈夫与太太在一起多年，知道她小时候时常被母亲处罚。她被关在一个黑暗的小房间里不准吃饭，有时候肚子好饿，却没有时间感，不知道自己何时会被放出来。然而，即便处罚的时刻如此难熬，太太仍然认为母亲大部分时间还是对她很好的，她喜欢母亲摸着她的头，亲昵地看着她。

对母亲极端情绪的记忆，逐渐使太太有了心理阴影。她的内心始终有一份焦虑感，使人不确定此刻温柔的她，下一刻会不会变得咄咄逼人。童年残留下来的焦虑，让她成年后脱离不了情绪化；每当她感到焦虑时，就会退化成那个不知所措的小孩，只能用无理取闹的方式来抒发心里难受的感觉。这无疑是情绪上的"退化效应"。

还好先生懂得她心头的伤。

别人看她张牙舞爪时会害怕，先生却想起她小时候的伤，觉得心疼。所以他提醒自己不要忙着指责太太，而是保持冷静地对她说："闹一闹如果心情比较好了，我还在这里，没有走掉。"

他用语言的力量把她"接住"，每当她情绪退化时，他都愿意接住她的闹剧，陪她一岁一岁长大。

他们就这样结婚二十年。

朋友好奇地问他，这一路是怎么撑过来的？

"我不入地狱，谁入地狱？"他总是先调侃自己，然后说："病得太严重的话，当然要看医生，但我太太只是一个还没长大的小孩而已。"他这么说，是因为发现在自己的陪伴下，太太的情绪确实越来越稳定，说明这种方式对太太而言是有用的。

恩情，是背后维系这对夫妻关系的关键。

接住自己，陪伴心里的内在小孩逐渐长大

心理学研究说，对许多老夫老妻而言，"恩情"是比"爱

情"更重要的事,而恩情最重要的本质,则是时间的历练。至于时间赋予我们的,就是有机会仔细去观察:

1. 关系糟糕没关系,但在吵吵闹闹中,我和他是否往正向的目标前进?

2. 关系糟糕没关系,但在吵吵闹闹中,我和他是否从过程中更懂得自己?更欣赏或更疼惜自己?

如果一个人在生命的早年阶段,曾经被家庭、环境给无情地撕碎,不知不觉长成一个充满委屈、愤怒、活得不开心的人,那么我们更需要给他一段时间,陪伴他心里的内在小孩逐渐长大。

对小孩如此,对父母、伴侣亦如此,对待自己更是如此。当情绪退化的时刻被"接住"了时,我们的内在才有机会生出坚强的力量。

如果我们的人生幸而遇到一位有能力接住自己的人,那很好;倘若没有,也是正常,但我们更要及早思考怎么发展出接住自己的能耐。

当情绪退化的时刻被"接住"了时,
我们内在才有机会生出坚强的力量。

退化效应

退化到早年时期的情绪状态，目的是要重新建立尚未稳定的心理安全感。

在精神分析大师温尼考特的概念中，有一段非常美的描述，他认为每个初生婴儿刚接触世界时，因为心智中还未有"人""我"的概念，所以内心会有一种错觉，以为自己所感受到的美好，都是由自身独立创造的。这种"世界唯我独尊"的错觉，让婴儿更投入地享受活着的感觉。直到某天，婴儿的心智逐渐成熟，才发现原来身旁的大人一直在协助自己，于是他们便从中获得爱与感恩的能力。

然而，在这个享受"错觉"的过程中，倘若照顾者过分介入，婴儿的错觉可能发生"断裂"，从而需要反过来关怀照顾者的心情。于是，婴儿内在贴近本能的"真我"逐渐缩小，改以"假我"去应付大人的需要，此时他们所做的事情并非发自内心所愿。这种状况若持续下去，"真我"将失去功能，被"假我"取代。成年以后，"假我"占据内心的感觉，将会使人无法体会人与人之间真实的爱。

那么，我们该如何把早年享受"真我"的感觉找回来呢？在温尼考特的理论中，提出的解决办法便是"退化"。这里提到的"退化效应"延续温尼考特的概念，指的是在心理治疗室外的，亲密关系中的情绪退化。

和情绪对话

我怀抱着完美来到世上。

直到遇见你,我才明白自己的完美里,

原来藏着不完美。

虽然它本来就在那里,但当我看见它在那里,

它就变得永远都在那里。

提醒我,是个生来就不够好的人,

学习用不够好的姿态,够好地活着。

22 污点效应
自我惩罚，那些不是自己犯下的错

曾经，我在大学校园里，认识了一群不愿公开自己性向的男学生。

他们的成绩大多十分优异，也相当重视自己的外形，因此站在人群中特别显眼，高挑帅气、唇红齿白，个个都可以贴上"小鲜肉"的标签。真好啊，既有外貌又有智慧，在他们面前，我都自惭形秽了。

然而，相处许久后，我才发现，他们虽然看起来什么都有，却还是始终无法以自己为傲。

在一次团体谈话中，其中一位男孩向大家自白。某天，母亲发现他在看男生的写真集，冷冷地对他说："不要看这种变态的东西。"他忍不住回母亲："如果我就是喜欢呢？"母亲说："那我就死给你看。"母亲后来患了忧郁症，住进精神病院，他觉得这一切都是自己的错。

男孩们听到这个故事,一片沉默,有人眉头深锁,有人紧掐着自己的双手,有人打破沉默,又给我们说了另一个沉痛的故事。一场谈话下来,我觉得自己好像跟他们来到了海边,看着他们抓起海里的砂石往自己身上抹,想要用力洗掉一些黏在自己身上、怎么都洗不干净的脏东西。

"洗不掉的,怎么洗都不会洗掉的。"他们说。他们只好更努力地做一些事情,来把自己身上的污点盖起来。所以帅气、有型、功课优异,都是为了掩盖生来就有污点的自己。

这些男孩的故事,是族群的特殊性,还是集体心灵中的常态呢?

污点虽是与生俱来,却不代表我们犯下了什么错

"你小时候会讨厌自己的某些地方吗?"想到这个问题时,我转头问了坐在我身边的先生。

"当然会啊!"他半秒都没有迟疑。

"哪里?"我每听一次都要惊讶一次。在我心里,他明明是这么美好的一个人。

"头很大。"他说,表情一点儿也不像在开玩笑。

我刚认识他时,如果不小心开他头大的玩笑,他会很认真地跟我生气。他小时候因为头大、四肢偏瘦,每次照镜子都觉得自己的身体比例相当奇怪,再加上一身偏黑的肌肤,他非常不喜

看到自己的模样。此外，他幼年时，家里经济状况不好，家族里有位长辈特别喜欢说话取笑他，还给他取了个绰号——"车头的废人"，甚至对他说，"如果以后没工作，可以来帮我家小孩提皮鞋。"

身体上的特征，怎么洗都洗不掉，就像肤色怎么漂也漂不白，他带着自己生来就有的污点，一直很自卑。后来，他花了好多年的时间，每天坚持去健身房锻炼，让身上的肌肉长出来，平衡头与身体的比例，逐渐脱离"一颗贡丸插在四根竹竿上"的称号。不仅如此，他还通过多读书来增加内在的自信。

说也奇怪，可能是随着年纪的增长，他觉得自己的皮肤好像不再黑得那么刺眼了。更重要的是，他并没有被别人看衰他的言语打败，并且他逐渐明白，会将这些话挂在嘴边的，也许才是真正怕自己废掉的人。

我想起自己也有一些天生的污点，或许我们每个人都有。然而，污点虽是与生俱来，却不代表我们犯下了什么错；犯错的人会被惩罚，但有污点的人只要懂得遮瑕就好。遮掩不是为了一定要把污点藏起来，而是为了让自己多点活下去的动力。

等到有一天，证明那污点其实也没什么；等到有一天，社会能够更开放地接纳曾经被大家标签化的污点。

社交网站"脸书"成立后，我重新联系上当年的这群男孩。多年不见，他们的自拍照上，大多有了另一个男人——牵着手的、相互倚靠的……

我想,那是十五年前我认识他们时,我们想都不敢想的一件事。

> ### 污点效应
>
> 因为某些无法改变的天生特质,而产生的过分努力,目的是想要转移自己和他人的注意力,来假装这些特质并不存在。
>
> 精神分析学者寇哈特(Heinz Kohut)是探究人性"自恋"的佼佼者。寇哈特认为,我们年幼时会经历一种自恋的状态,以为自己无所不能,这也可以视为一种婴儿时期的"自我中心"现象。然而,在成长的过程中,环境所带来的挫折,让我们内在的自恋不断遭受打击,进而发生各种不同程度的心理问题。
>
> 这里所谈到的"污点效应",探讨的即是人们如何在自恋受到打击的过程中,学习努力地超越与接纳自己。

和情绪对话
————≫≪————

身体不好的人,别人会同情他。

心情不好的人,别人会看不起他。

所以心要好好的,

身体烂掉没关系。

我愿意付这个代价。

23 身体化效应
情感污名化的后遗症

突如其来的下半身瘫痪，让师长们为她着急得不得了。事情发生后，几位老师开车送她到医院，经过各种精密仪器的检查，没想到结果却是：无生理病因。亦即，医生们认为她的身体并没有生理功能的损伤，那么最有可能的，就是心因性疾病了。

在这样的情况下，我和她相遇了，然后开启了后续一连串长时间的谈话。

第一次见她时，她仍是行动不便的状态。说也奇怪，她来到我这儿的时候，所有会谈室都是满的，我好不容易才借到位于顶楼的一处空间，还得由两位"壮丁"一左一右搀扶，才能把她扛上我们可以好好谈话的地方。

那天上午阳光很好，远处的绿意穿越整片落地窗户映入室内，正好映在她身上。我端详她甜美的脸庞，却看到她腿部盖了一条颜色暗沉的毯子，硬是阻隔了外在光线的照射。

感受——对我们的生活拥有主宰性的力量

对每一位陌生案主的认识，我首重于评估她的人际关系。因为我深信人际关系中隐微的挫败感，会紧密地牵动我们内在的潜意识与无意识，不知不觉地连接起过去的创伤，或更深层的生命议题。因此，和她初识的前一个小时，我只是通过对话，来了解她如何与人相处。

数十分钟过去了，我留意到她的话语表面流露出来顺从与乖巧。是的，她是一个极为贴心、敏感的女孩，和很多其他的家庭一样，夹在父母的意见不合中，想要扮演那个讨好父母，为他们的生气与难过负责的孩子。

孩子的这般心态既然难以避免，就只能依赖父母在自己情绪过后，稍稍放下自我的主观，看见孩子顺从背后的伪装，鼓励他们把夹在家庭冲突中的感受表达出来。

可惜的是，我眼前的女孩似乎没有过这样的机会。或许因为在表象上，她总是用阴沉将自己真实的脆弱包裹起来，又或者她对家人的爱太过执着，让她没办法自由地表达出那些可能伤人的心声。

想到这里，我忍不住打断了她的谈话。我告诉她："刚刚听你说了这么多，我有一种感觉，好像你在家里遇到了许多让你感到受伤的事情，但不知道什么原因，你没有办法把感受表达出来，说自己真心想说的话，只能说父母想听的话。我认为你委屈了自己，而你的腿正替你表达你的委屈。"

猜猜看，她听到我说的这段话后，反应是什么？

原本我以为，这段充满同理的话（我自以为）过后，她应该泪流满面才是。因为被说中了心事，不就该好好哭一场，把所有的委屈、不满都宣泄出来吗？

可是她没有，她没有哭。

她不但没有哭，反而瞪大了眼睛，提高音量对我大吼道："才不是你说的那样！"她语气激动，生气地站起来对我说："我才没有你说的那么软弱！"

就这样，我们俩都还来不及反应，她腿部的力量便莫名地恢复了。那天，她被两位"壮丁"扛上楼；谈话结束后，她自己走下了楼梯。

接纳心灵也有生病的权利

我跟她多次谈话一段时间后，才有机会澄清这次经验。她说，每次身体出状况时，她总是很担心检查不出任何生理原因，而被归于心因性因素。

"心因性因素，就好像这一切都是我装出来的。"她说。比起生理功能一点毛病也没有，她宁愿自己的身体真得了什么不治之症，也不想背上"精神病"的污名。

其实，她哪里有装病呢？她唯一费力伪装的，就是努力要当个被人认可的好孩子罢了！

虽然心理学、精神医学研究越来越普及，但我们却好像还处在一个否定心灵力量的蛮荒之邦。社会大众是如此固执，人们不敢去面对自己内在的情绪，不敢承认像"感受"这种抽象的东西，对我们的生活也拥有主宰性的力量。我们把贴近感受当成一种软弱，以致于忽略了，或许这才是真正的"善待自己"。

接纳自己，接纳心灵也有生病的权利，而不用非得让身体得上什么不治之症，才敢停下来休息、喘一口气。愿意如此善待自己心灵的人，才是真正的勇者呀。

身体化效应

不愿接纳自己内在脆弱的负面情感，而无意识地将其转化为身体上的疾病。

这里提到的"身体化效应"，并非指精神病理中的"体化症"或"伪病症"，而是比较类似于弗洛伊德提出的"心理防卫机制"中的"合理化作用"。当我们无法接纳内心的负面情绪时，便会用身体上的病痛来合理化心理上不舒服的感受。

和情绪对话

想忘记却不敢忘记的回忆,

放不进碎纸机。

剁剁剁,剁剁剁,

它在脑海里嗡嗡作响。

于是我把耳朵放进了碎纸机。

24 否认效应
想证明，创伤已经过去

自从父亲离开后，她就与母亲相依为命。母亲是一位护理人员，时常需要值夜班，一忙起来就晨昏颠倒，错过和女儿的相处日常时光更是家常便饭。

这天是周末，恰好是母亲的生日，因此值班表没有排得太晚，入夜前母亲就会下班。于是她央求受母亲所托、帮忙照顾她的邻居阿姨，先带她到母亲返家时会经过的便利店等待。母亲在毫不知情的状况下见到女儿，果然惊喜。母女俩手牵着手，特地绕一段路去宵夜店喝了碗豆浆，开开心心地说了好一会儿的贴心话。返家时已将近午夜，年纪小的她早已哈欠连连，却留恋和母亲单独相处的时光，不知不觉拖慢了脚步。

她们转进一条黑暗的小巷子，走过这一小段路，右转不远处就是她们的家了。哪知才走入巷子没几步，一个陌生男子手持冰冷的锋利金属物，像只蛰伏已久的黑豹，迅速地挡住母女俩的去路。

想忘记却不敢忘记的回忆

"把钱拿出来。"对方蒙着面，长条形的尖刀是黑暗中唯一的辨识。

母亲拥住她的身子，将她的小脸拽进怀里，丢出身上的皮包。男子被皮包引去注意力，侧过身子去捡，母亲弯下腰在她耳边轻声说着："快跑！"双手一用力，把她推了出去。

她年纪尚小，腿又不够长，即刻吓得浑身冒汗，结果男子快她一步转身，伸手拉住了她。母亲朝男子撞了过去，然后拉着她往前跑，男子被绊了一跤，怒气掩盖过理智，举起右手的尖刀往前砍去，刺进母亲的背脊。

"快跑……"这是母亲倒下前，她记得的最后一句话。

男子行凶后很快逃跑，她则是边尖叫、边遵照母亲的指示跑出那段黑暗的小巷，回到原先等待妈妈的便利店求救。警察很快赶到，母亲被送往医院，在救护车上已无意识与她说话，而她则是不再敢尖叫，脸上满是惊吓的眼泪。

母亲就这样离开了人世。那年，她才十岁。

她被亲戚领养，时间慢慢过去，她也逐渐长大，这段经历仿佛只是她生命中一段意外的插曲。她鲜少提起这件事，久而久之，大人也以为她的创伤已经过去。

十五岁那年，她追随母亲的脚步报考了护理专业。十九岁那年，也就是她将要毕业的那年，学校为了毕业季不出乱子，加强了对学生的管理。某天，师长发现她突然变得跟之前不一样了，她开始脸上化了浓妆，穿衣风格也变得大胆前卫，而且每天晚上回校的时间也越来越晚。于是，师长便找她了解情况。原来，她竟每晚都去酒吧。

"你到底在想什么啊？竟然跑到那地方去厮混，你知不知道你还是一个学生啊！"领养她的阿姨接到学校通知时，十分痛心，当场训斥她："亏你妈为了救你，还牺牲了自己的性命，你怎么会这么不自重！"

"那是她欠我的啊，谁叫她是我妈呢？生了我却没有好好照顾我，所以才会发生这种事啊！"她情绪激动地回道。

阿姨一巴掌打在她的脸上。

防御式的否认，终于成了一种心理上的病

这是十多年前的故事了。当年我参与其中时，对她的这种反应也曾有不解。明明小时候就是个乖巧温顺的孩子啊？虽然大家都明白目睹母亲的遇害给她留下的创伤，但不明白她好好的学生不做，为何会表现得如此"另类"。

发生在生命中的每一个故事，大多需要花上好长一段时间，我们才会懂得它所要传递的意义。有了十多年的接案经验后，我对"情绪"本质有了更多的领悟，才逐渐明白她当时的状态，是一种层层叠叠、交错复杂的，阴影之上还有阴影的纠结。

客观来说，母亲的死并不是她的错。是时空让两组不相干的陌生人相遇，是刺下那把刀的人无力处理自己的生命议题，而用这种糟糕的方式闯进别人的生活。

但主观来说，母亲的死又像是她的错。如果那天她没去便利店等待，如果她没有和妈妈去喝那碗豆浆，如果她可以跑得再快一点。这样回想起来，还是她的错。

为了防御她的主观，她要做些什么，假装她不觉得母亲的死是她的错。她乖乖地被领养，安分地念书，但心里的主观却没有那么容易放过她，她要多做点什么、再做点什么，来防卫这种害死了妈妈的念头。最后，这些防御式的否认，终于成了一种心理上的病。

要证明那些感受不是我的感受，那些想法不是我的想法，我们都耗费了过多的力气。

已经发生的事情，在现实中我们难以阻止，但在心里我们可以假装它没有发生。然而，某些经历所带来的痛苦太深，如果要假装这些记忆不存在，就需要耗费极大的力气。行为脱序也好，醉生梦死也罢，只要可以远离自己真实的感受，其他什么都好。

领悟了这层道理，我突然想要与她联络。

雨后的一个下午，她风尘仆仆地赶来。她已经是一名护士了，脸上多了几层风霜。闲话家常的最后，我问她，现在想起当年的事情，还会埋怨自己吗？她没有说话，只是掉着眼泪。我们没有再交谈。

这样就够了。

要证明那些感受不是我的感受，那些想法不是我的想法，
我们都耗费了过多的力气。

否认效应

用夸张的反应来掩盖曾经发生过的创伤经历，其中某些自我毁灭的行为，是为了抵消创伤之后的罪恶感和焦虑感。

在精神分析理论中，"否认作用"也是我们降低内心焦虑的一种心理防卫行为。

这里提到的"否认效应"延续这个概念而来，并且更着重于，我们可能会通过哪些非理性的情绪化行为，来否认内在想要遗忘的经历。

和情绪对话

当我们身在一个不良的互动中时,
并不是不想改变,而是害怕改变。
改变虽然可能让自己变得更好,
却有可能让别人变得不幸福。
就好像"快乐"在我们的关系中,有一定的额度,
如果我多拿了一些,就会抢走别人的快乐。
与其承担这种风险,看着我所爱的人变得不快乐,
我们宁可不要改变,维持现状就好。

25 恒定效应
即使过得十分糟糕，也拒绝改变现状

我还是时常想起她。白皙如瓷的脸庞，顺着细长的脖子，连接到她僵硬的肩膀，一个半小时的谈话时间，她可以一动也不动，一副死气沉沉的模样，像个展示在橱窗里的模特儿。美虽美，但不真实，像塑料制品打造的。

原来她罹患了暴食症。一个长得瘦弱纤细的女生，一个晚上可以吃掉五十个水饺、喝掉一瓶可乐，这是罹患疾病以后的食量，相当惊人，也吓坏了她自己，因此吃完东西后的下一个步骤，就是马桶前的催吐。逆流而上的胃酸擦破她嘴角边的皮肤，但她仍然必须经过这些，将心里的罪恶感释放出来。

为了改善她的状况，我邀请她的母亲和弟弟前来会谈。她的父母早在她念幼儿园时就已离婚，母亲是个大嗓门的女性，看得出来脾气有点暴躁，架着镜框的眼神不怒而威，高大的身形令人感到压迫。她的弟弟自从上大学后就离家，已经一年多没有与家

人联络了。

我们谈话时,她主动挑选中间的位置坐下,让她母亲和弟弟坐在她左右,虽然许久不见,但不到三分钟就产生了硝烟味。母亲明显对弟弟离家充满了埋怨,每句话都是对儿子的嘲讽;弟弟也不是省油的灯,一句一句地顶回去,脸上满是不屑的表情。

坐在中间的她被左右夹攻,一会是左边的人叫她传话:"你跟他说……"一会又要代表右边的人发表意见:"你回答她说……"十几分钟下来,她的脸色更加苍白,肩膀越显紧绷,臀部呈现端坐三分之一板凳状,却一点也没有远离现场的意思。

寻找自己在家庭中所扮演的角色定位

她为什么不离开那个位置呢?我忍不住想。这种难堪的气氛,如果是我夹在中间,一定连呼吸都觉得困难,连一分钟都无法继续待着。可是,她为什么能乖乖地坐在那里,一动也不动,一点反抗也没有呢?

当时,我没有说出我的想法,只是请她离开中间那个位置,和身旁的母亲换位置。等她位置挪到旁边后,我注意到她往后多坐了几厘米,肩膀斜度也向下滑了几寸,我想这是一种放松的表现。果然,她慢慢能表达自己的意见,也开始分析母亲和弟弟之间的问题。

坐在旁边的我因而提出一个想法:有没有可能,她的暴食和忧郁，是为了维持家庭不要崩坏所产生的疾病呢？

我之所以会这么想是有原因的。心理学研究发现：身在家庭中的每个成员，会透过彼此的相处与理解，来寻找自己在家庭中所扮演的角色定位。比方说，一个家庭有两个小孩，其中一个跑到外面不肯回家，另一个就会不自觉地补位，变成守在家里陪伴父母的那个角色。因此，家庭内部会产生一种平衡感，有人负责受苦，有人负责享乐，各司其职，并且逐渐形成这样一种关系模式固定下来。

可是，最奇怪的事情发生了！每个家庭维持平衡的方式，总有分配上的不平等，有些人可以活得比较舒坦，有些人则必须要扛起责任。这个模式一旦固定下来，即便会遭到家里每个人的抱怨，但大家还是有一种无意识的默契：维持现状就好了，不要随便改变它，没有任何事情比改变现状更可怕。

所以她宁愿活得如此辛苦，也要守着夹在中间的那个位置。

于是我问她，她知不知道自己是用这样的方式，来为家庭尽忠职守的呢？如果离开了让她左右为难的角色，如果放掉这些，去过她自己的生活，会发生什么？她是不是有什么担忧呢？

她眼眶红了一圈，视线看向母亲。母亲直接回道："又不是我要你待在家里的，我有叫你出去工作啊！"

"她哪敢去工作啊？她怕她一出去，你就跑去死啊！"弟弟不客气地对母亲说。母子两人又吵了起来。

直到内心勇气成熟的那一刻，为人生做新的决定

原来，她母亲当年被父亲离弃后，从来没有停止过心里的怨。她只要一想到这些往事就会酗酒，一酗酒就会打骂小孩，一打骂小孩就会数落他们身上与父亲相像的地方。比如，弟弟的五官长得跟爸爸很像，便常常被骂："你为什么长得跟你爸这么像？你为什么这么像那个没良心的男人？"弟弟被妈妈骂跑了以后，妈妈就把全部的恨都拿来骂她。

女孩无意识地忍耐着，因为她怕如果连自己也走了，母亲一个人便无法独活。全家人，包括母亲自己，对这种状况都心知肚明，只是不敢多想。所以离家的不回来，在家的不敢离家，喝酒的继续喝酒，因为没有人知道，如果不做这些事，他们还可以做些什么，他们还有什么办法，来忍受那些恨意、痛苦与伤痕。

其实，我也做不了什么。只能鼓励她，换个位置，让身体与心灵有舒展的空间；鼓励她的母亲，帮她预约专业戒酒团体，让她好好地看看眼前这个儿子，或许和当年那个男人有许多不一样的地方；鼓励她的弟弟，不要老是一个人在外头，独自舔舐这种放任家人受苦的罪恶感。

我什么也做不了，只能陪伴他们，直到内心有勇气变成熟的那一刻，他们会发现原来为人生做些新的决定，其实没有想象中的那么困难。

就像她的母亲在专业团体的协助下戒酒，她的弟弟开始学习正视自己的家庭，而她呢？她把位置换到旁边后，只用了几个礼拜，体重就回到了正常水平。

我所能做的，只有继续陪伴她，直到她真正理解，人生永远都有转换位置的可能性。

恒定效应

用情绪消沉来阻断期待改变的希望，以维持关系中的平衡，避免其他人受到伤害。

"恒定状态"的概念，最早谈论的是生物体的体内环境，有赖于整体器官的相互协调，这样才能在身体的运作下维持一种动态平衡的状态。家庭治疗的学者发现，在家庭系统内也可以观察到这样的现象：家庭中的每个成员就像体内器官，各司其职地维持家庭里的动态平衡，使家庭功能得以顺利运作。

这里谈到的"恒定效应"，即延续这个概念而来。

和情绪对话

----->>≮<-----

我想要的,你不曾给我。

他们有的,我不曾拥有。

只有我和我在一起,只有我能被我倚靠。

好吧,我要好好照顾我这个可怜的孩子。

我只有我了。

26 自怜效应
用可怜自己，来变得强大

去年暑假搬家时，我整理出自己念硕士班时曾经写过的一篇研究小论文，主题为"三人行不行"，描述的是在大多数情况下，三个人的组合中，总有一人落单的心理探究。下面我摘述其中一小段：

> "三"这个数字，同时也是陪伴我长大的生命记忆。身为一名独生女，家庭是我和父母所构成的三人团体，偏偏这三人中又有一人常常不在，留下其余两人在家时，往往相安无事，但第三人总会有踏进家门的时候，那个瞬间也改变了原本只有两人单独相处的家庭动力。身为一个孩子，在那个渴望自己是关系核心的年纪，第三人的加入于我而言，像是不速之客分去了主要照顾者对我的关注，同时心里仍敏锐地感觉到，我是夫

妻关系之外的，那个落单的电灯泡。

父亲与母亲身处的大人世界，仿佛是我始终抬头仰望却无法加入的世界，我只好转而搜寻自己平行视线的可及之处。同龄友伴的身旁，都牵着与他们血缘相系的手足，他们不用紧牵着手，别人也无法忽略他们之间的关系，更别谈拥有相似的表情和五官，证明他们是同一个群体的人。

大部分的人，是出生后花上许多时间，才明白人生本来是孤独的。而有些人，就像我这样的人，是一出生就被迫懂得，人的生命原来是如此孤单。

看到这段十多年前书写的文字，原本正忙着将家中书籍打包的我，忍不住停下手边的工作，到厨房泡了一大壶蜂蜜水，坐在窗台前，重新回顾自己的童年。一股感慨油然而生：天啊，原来我年轻时还真是个"愤青"，而那"愤"字背后，原来藏着这么多自怜呀。

我自问，把自己弄得楚楚可怜，有什么好处呢？

突然想起，每当觉得自己好可怜，生来是如此孤单时，内在竟然会产生一股奋斗向上的动力，心里不断喊着："冲啊！冲啊！"因为当你相信这世上没有人可以依靠时，不就只能靠自己了吗？

自怜感实在太强大了，它仿佛一名建筑工人，激励我们产生让自己更强大的行动，为我们的内在心智建构出坚硬的骨架，变成可以让自己安栖的住所。然后我们住在里头，继续可怜自己，努力成为一个比现在更有用的人。

在妈妈心中，我有多重要

其实，我年纪很小的时候，就大概懂得自怜的好处了。

约莫七岁时，我一个人在托管班，看着同学们一个个被父母接回家，而我还一个人站在教室门口，眼巴巴等待母亲到来。那个时候我心里想着："大家都回家了，妈妈怎么还没来接我？是不是在妈妈心中，工作比我还重要？"

我常常觉得这样落单的自己很可怜，所以年龄越大，越不想理妈妈。上了大学以后，即便仍住在家里，却几乎不再与父母共进晚餐，或许心里想着："好哇，在我渴望你亲手煮晚餐时，你却忙着工作，总是让我吃外食。现在我长大了，也不想再跟你们吃饭了！"

这种习惯一直延续到将近中年，"妈妈的味道"也逐渐在我记忆中淡去，变得越来越不重要。

母亲一直工作到六十五岁才退休。退休后的第一个月，某天晚上她告诉我不要在外面吃，她要到我家来，为我们煮一顿晚餐。我嘴上虽允诺母亲，心里却涌起一种熟悉的感觉，我想起执着于健康的母亲，煮饭几乎是淡而无味的，根本毫无手艺可言。

所以，我对这顿晚餐一点期待也没有。母亲将菜规规矩矩地端上桌，我瞄了一眼，工整又干净的几道菜，依旧看不出任何有调味品。我默默地将饭菜送进嘴巴，咬了一口突然发现，这菜和肉竟然是我平时喜欢的口味，红萝卜的软烂感也是我喜欢的，鱼肉还罕见地事先腌过了。

我忽然明白，原来这么多年来，在我觉得自己可怜，忙着变得更强大的同时，母亲也在变化，她不再是我曾经以为的她。我忍不住想，是不是她也觉得，厨艺常常被女儿瞧不起的自己很可怜？所以悄悄地记住了我味觉上的喜好？

想着想着，我嘴巴里吃的是饭，心里吞下的却是眼泪，眼泪背后有一个曾经觉得自己很孤单的小女孩，每天盼着盼着，不知道自己在等待些什么。终于，在成年后，等到了母亲不用上班的日子，盼到了母亲全心全意的一顿晚餐。

一个念头闯进我的脑海："原来一直以来，在妈妈心中我不是不重要，我'也'很重要。"

那么，当个"也很重要"的人，真有这么糟吗？

那样的她，造就了这样的我

我想，对当年才七岁的我来说，"也很重要"的意义，代表我仍然要和外在的人、事、物，来争取在母亲心目中的顺位。

然而，现在同样身为职业女性的我，不仅能够理解母亲当年的心情，还会为她感到高兴：她能在那么喜爱的工作岗位上尽忠职守这么多年。

是那样的她，造就了这样的我。

不同的母亲的样子，才造就了现在有好有坏、有开心有痛苦的我们。

我突然无法想象：如果我的人生不曾有过孤单，如果我的原生家庭是手足成群，兄友弟恭，父母关系和谐；如果我的父亲是个只顾家庭、准时下班的好男人，母亲是个家庭主妇，个性随和自在；如果我真的从小就不曾拥有自我可怜的一面，那现在的我，又会是什么模样呢？

自怜效应

通过对自我的怜惜,来产生向前迈进的动力。其中包括放大他人的罪恶,以及美化自我的无助感。

阿尔弗雷德·阿德勒(Alfred Adler)曾说:"每个人的一生都要面对两个巨人——我们的父母亲。当父母指责孩子时,他们让孩子看到自己的一无是处。"阿德勒用这段话来解释人们是如何在自卑感中长大的:无论父母是忽视还是溺爱,都可能让我们健康成长的过程受到阻碍。然而与此同时,我们也努力寻找新的出路,来争取超越自卑的可能性。

这里谈到的"自怜效应",就是深入探讨,我们该如何思考与超越因原生家庭教养所产生的自卑感。

和情绪对话

世界被一条弯曲的弧线画出了阴阳。

上帝把刚强投给了属阳的一方,

把柔软放进属阴的一面。

男人和女人以一种分离姿态被创造出来,

却渴望、憎恨、妒羡着彼此。

27 俄狄浦斯效应
压抑和平反的力量

底比斯城的国王俄狄浦斯,是希腊神话中著名的悲剧人物,因为乖舛的命运酿出了"弑父娶母"的恶果,最后挖出双眼自我惩罚,把自己流放到世界的尽头。弗洛伊德开创精神分析理论时,引用俄狄浦斯国王的故事,来论述孩子内心对于父母爱恋与竞争的矛盾,称为"俄狄浦斯情结"。

关于俄狄浦斯理论,我的想法是这样的:

首先,我确实相信也观察到,许多未成年孩子对父母的心情是又爱又恨,既崇拜自己的父母,又想要赢过被自己崇拜的父母,通过这种方式,孩子能获得自我价值感的肯定。换句话说,孩子们需要先有值得崇敬的父母,然后想办法追随父母甚至胜过他们。在这个过程中,孩子便能证明自己也和父母一样,是值得别人崇拜的。

其次,是一种比较隐微的情结:什么样的人,最后能成为

"弑父娶母"的统治者呢？我们撇开那些违反伦理的规范，将这个理论摊开来思考，如果将每个家族比喻成一个国家，所谓血脉的正统继承人，确实就只能有一个人。所以，俄狄浦斯理论其实也一并隐述了手足之间的竞争关系，并且这种隐微的论述，几乎在每个朝代的宫廷剧里都上演过。

最后，俄狄浦斯的隐喻概念，其实也涵盖了古老的集体思想，即如何看待男女性别？"弑父娶母"这四个字的意思是：父亲是等着被杀掉的那个人，所以身为一个男人，如果你不能让自己变得更强，就等于是坐以待毙；母亲则是等着被迎娶的那个人，所以身为女人天生的职责，就是乖乖地等着那个来迎娶你的最强的男人。

对权威体制的不服气

我在艺术大学开设精神分析课程时，曾经有学生问我：这是否代表弗洛伊德真的是个大男人主义者呢？

这么说对弗洛伊德并不公平。至今我仍然觉得，弗洛伊德只是代替我们说出了存在于人性深处的这种不容忽视的内在力量。重点是，俄狄浦斯的力量在我们日常生活中出现的频率要比我们想象的频繁。

以前，我不太喜欢"女强人"这种称呼，觉得这里面带有对女性的贬抑意味。直到我发现这种思维本身，其实就呼应了俄狄浦斯的力量，于是开始留意，这股力量是如何对我的生活造成影响的。

我在治疗师的陪伴下，经历好几年的自我探索后，突然发现，比起职场上的其他同事，我的个人特质似乎更加执拗，对于自觉没道理之事，更不容易轻易妥协。从事心理治疗工作时，这种执拗坚定的态度，为我处理心理案件带来许多进展，但是在组织里缺乏女性的温柔，却让我吃了不少苦头。

我曾经隶属于一个工作团队，这个团队除了我以外，大多是资深的行政人员。当时，一位新来的主管想要和大家建立关系，便邀约我们每周固定一个中午，一同到餐厅用餐。我参加了几次，感觉一群人凑在一起也没做什么，就是努力地八卦隔壁那些单位的奇闻轶事，那种嬉笑的态度，在我听来颇有唯恐天下不乱的意味，于是之后的每周聚餐，我就找些理由推掉了。

几个月之后，我被那个团体踢出了门外，当然，自己也变成他们努力八卦的核心角色。有趣的是，从来没有人用"不合群"这个事实来给我定罪，而是罗织了许多情节丰富的故事。

当年我也挺不识相，只要听到什么传言，就会跑到那位主管的办公室，问他为什么这么做。其中一位主管长我几岁，是个男性，我听他解释了一些偏离核心的琐事后，便反问他："你为什么不直接说，都是因为我'不听话'，所以事情才会变成这样呢？"他停顿了一下，想要再向我解释，我却看着他的眼睛对他说："我真的不想再听你编这些东西了，我先告辞。"接着便起身向外走。他原本平缓的音量逐渐提高，疾言厉色地对我说："你给我坐下！"我仍往外走，他气得起身要阻止我。

我们两个一前一后走出门，其他同事面带疑惑地看着我们。

过了好长一段时间后，我才明白当初发生了什么事：对他而言，是俄狄浦斯情结；对我而言，是反俄狄浦斯情结。

每一种生存的样貌，都有不被批评的权利

俄狄浦斯的延伸效应，让许多男人不自觉地要去压抑女人的气焰，在这个过程中，许多女人也成为男人的帮凶。

大家看到出头的女性，就忍不住想要"挫挫她的锐气"，许多女人为了要生存下去，只好将个性中温顺、圆融的那一面展现出来。像我这种吃软不吃硬的"男人婆"，在职场上会逐渐成为异类，因此要学习扛得住异样的眼光。

这些年来，或许是时代变得不一样了，或许是女人们开始敢于表现这种"不服气"的个性了，我身边慢慢群聚了一些性格相仿的女性朋友，大家也认真讨论：其实好像说话时多点轻声细语，退一步、道个歉，很多事情就大事化小，小事化了了，那我们究竟在坚持些什么呢？

我的答案是：这还是俄狄浦斯效应。成长的过程中，我们累积了太多对权威体制的不服气，长大以后，便想要靠自己的力量来反抗：证明这个世界，可以让每个人保有自己生存的样子；证明每一种生存的样貌,都有不被批评的权利;证明俄狄浦斯确实有他的不得已,反俄狄浦斯的人也有他们的无可奈何;证明我们有能力在压抑、批评和反对中,找到自己想要的样貌。

是的,不论你是俄狄浦斯,还是反俄狄浦斯,在找到最像自己的样貌之前,请不批判地继续坚持下去。

上帝把刚强投给了属阳的一方,再把柔软放进属阴的一面。
男人和女人以一种分离姿态被创造出来,却渴望、憎恨、妒羡着彼此。

俄狄浦斯效应

贬抑女性身上的阳刚力量,以及男性身上的阴柔特质。目的是通过觉察,来寻找自己身上独特的完整性。

俄狄浦斯王的故事,最著名的就是弗洛伊德引用它来诠释"恋母情结",因此古典精神分析理论中,便有许多与恋父、恋母情结相关的讨论。

这里谈到的"俄狄浦斯效应",仅保留"尊崇男性阳刚面"的概念,加入卡尔·古斯塔夫·荣格(Carl Gustav Jung)关于"阿尼玛／阿尼玛斯"的思考,探讨人们如何超越这种阳刚与阴柔的尊卑,发现更完整的自我。

面对逐渐老去的父母，八件不要做的事

1. 不要对他们不闻不问。偶尔回去让他们说两句，可能会让你过上一阵好日子。心里确实难过时，请想想，或许这样帮你消了不少业障也不一定。

2. 不要把父母的酸言酸语听进心里。这样相处快一辈子了，如果有天他们突然变得温柔可亲，你不觉得心里发毛吗？

3. 不要想改变他们的生活习惯。如果是你，已经在山洞里住了六十年，突然叫你走到大太阳底下，你敢吗？

4. 不要要求他们像个成熟的长辈。除非你有把握，等你到六十岁时，不会比他们更幼稚。

5. 不要期待他们对你和你的兄弟姐妹能够公平。因为你讨的不是公道，是爱。讨公道或许会让你看不见，有能力给你更多爱的人。

6. 不要轻易看不起他们爱你的方式。这可能是他们唯一学会的爱人方式。当然，你绝对有机会用更了不起的方式去爱他们。

7. 不要用超过一半的时间指责或抱怨他们。因为这会让你变成妈妈（爸爸），而他们变成孩子。而且我们都知道，当小孩的时候其实是比较快乐的。

8. 不要为他们的人生过分操心。我们毕竟都只是平凡的人，谁也无法左右别人生命中需要靠自己修炼的功课。

Part 4
情绪,感受并持续活着

和情绪对话

脑袋不想想起来的,心会自己想起来。

嘴巴不想说出来的,心会自己说出来。

你说的,我听见了。

我听见的,是我心里也记得的。

于是我和你就被串起来了,

我和我自己也被联结起来了。

28 关键词效应
关注你我内在的共通主题

那天放学后,我带着女儿和儿子去吃饭。一个心情不太好的日子,照惯例得要来杯珍珠奶茶,平衡自己的心情。

天气很冷,天空又开始飘起细雨,接过店员递过来的珍珠奶茶后,我立刻想要钻回车里。儿子跟在我身后,迅速地回到车边,我转身一看,却看到女儿还在饮料店柜台前发呆,呼唤她时,店员也在提醒她母亲和弟弟已离去。她急忙坐上车,然后沉下了脸,开始气呼呼地碎念:"你怎么可以不等我?你怎么可以不叫我?"

我心里有点冤枉,告诉她:"妈妈怎么可能不等你呢?我刚刚不是看到你还没来,就叫你了吗?"她仍然难以平复,像坏掉的收音机,反复播放着同一个走音的旋律。车里的我们,碰撞出一种难以言喻的、令人窒息的气氛。

我突然想起女儿小时候的经历。

她有一个忙碌的爸爸和一个怀孕的正在攻读博士班的妈妈。她两岁那年,因为我们实在忙不过来,只好暂时将她送到南部的外婆家"托养"。但当时外婆正处于更年期,身心失调,所以女儿又被送到两个小姑家轮流照看。

想到这里,我似乎懂得了她情绪背后的不安,于是再没有说话,只是听着她的碎碎念。慢慢地,她的碎念声逐渐转小,留下窗外沙沙的风雨声。

你看过有人弄丢自己的"头头""手手"和"脚脚"吗

到家后,我停好车。女儿却迟迟没有要下车的意思,小声犹豫地说了句:"我就是怕被你弄丢嘛!"我转头看着她,对她说:"我知道。所以我打算等下好好地听你说这件事。"她似乎有点满意地跳下车。

走进家门后,我唤女儿来坐在腿上,看着她的眼睛,问她有没有想对我说什么?她又说了一次:"我就是怕被你弄丢嘛!"

依照我的理解,当某人反复提起某些重复的语句、关键词时,通常背后还有一些卡住的情绪没能表达出来。尤其是年纪小的孩子,常常通过这样的方式来提醒别人关注他的情绪,从而修复某些潜藏在内心的不安。

于是,我突然对"弄丢"两个字有了一些联想,我想起自己是个时常将手机和皮包忘在餐厅的糊涂妈妈。我试着问女儿:

"你是觉得妈妈会像弄丢手机和皮包一样，把你弄丢吗？"没想到，女儿听我这么说，还真的点了点头，给我相当肯定的答案！（原来女儿觉得，她在我心中的地位，跟手机和皮包是一样的……）

我顿时有点语塞，想了想后，又问她："你看过有人弄丢自己的头头吗？"她摇摇头。

"你看过有人弄丢自己的手手吗？"她又摇摇头。

"对妈妈来说，你就跟妈妈的头头和手手一样。"她专注地看着我。

"你刚出生的时候，身上有一条脐带把我们连在一起，虽然那条脐带已经被剪掉了，但在妈妈心中，那条脐带还连着我们。所以对妈妈来说，你就跟妈妈的头头、手手和脚脚一样重要。"她突然靠上来抱着我。

"你有看过有人弄丢他的头头、手手和脚脚吗？"

她摇摇头，又哭又笑。

接住了她，也接住了自己

女儿的这个"小意外"倒是让我想起自己小时候，时常有被"弄丢"的感觉。

在大卖场里，我多次松开妈妈的手，在陌生的环境和人群中，一个人焦急地流着眼泪。长大以后，这种感觉逐渐扩大为人际关系和伴侣关系中的不安。

在好几次分析中,心理师不厌其烦地用聆听来"接住"了我这种感觉。我非常感谢他(们),从来没有用什么诡异的名词来随便定义我。于是突然有一天,我发现自己身上开始有了这种"接住"别人的能力。

有时候能接住所爱的人,更多的时候能感受到自己被伴侣稳稳地接着,不知不觉生出更多力量,"接住"更多案主,陪伴他们和我一起成长。在"接住"和"被接住"的过程中,我们好像慢慢地把弄丢的自己找回来了。

就像我和女儿相互拥抱的那一刻,看似我接住了她,实则更像是我也接住了自己,接住了那个年幼、焦急且慌张的自己。

这种感觉让我对人性抱持无比正向的希望:倘若我们觉得自己的人生总是遇人不淑,找不到一个可以接纳自己的人,那么我们更要学着去接住别人。

或许,这就是老天帮我们打开的另外一扇懂得自我悦纳的大门。

关键词效应

当某些重要事件发生时,过去的心结会通过重复性的语言,在事件中展现。觉察人我之间某些共同存在的心结,将有助于维护具有滋养性的关系。

在心理咨询师的实务训练中,咨询师总会敏感于当事人会谈时重复出现的主题。这里提到的"关键词效应",即是以心理咨询师的精神,探讨我们如何通过情绪性的行为,来辨识他人和自我的内在有着什么样共通的、还未被解决的议题。

和情绪对话

时间总会过去。

虽然等待的时候,我们以为时间不会过去。

但时间让等待变得不像等待。

等到等待不再像等待时,

时间早就已经过去。

29 悬置效应
原来，只是时间还没到

　　即将迎接六十岁大寿的阿林，心里总是带着某些遗憾。阿林的父亲是南部某乡镇的士绅地主，小时候父亲时常抱着他爬到高处，望着脚下一望无际的农田，告诉他："从这里一直到看不见尽头的地方，都是我们家的地。"此时的父亲，在阿林眼中是天上永不陨落的太阳，是阿林身边最重要的依靠。

　　只是阿林没想到，在那个年代，了不起的男人往往多妻，父亲也很快吸引了愿意下嫁为妾的二妈。二妈入门后，家里的一切都变了：阿林的母亲变得郁郁寡欢，更不得父亲的欢喜，父亲逐渐把宠爱和心思放到二妈身上。但二妈好赌，又挥霍无度，父亲和她在一起没几年，就陆续变卖了许多田产。等到田产差不多散光时，父亲也落得只剩下一口气，还没来得及安享天年，就往生了。失去父亲这个靠山，二妈还有什么脸待在这个家里？丧礼后没多久，她就连人带钱，消失得无影无踪。

阿林那时还是个少年，原本的家世能让他有田有房、衣食无虞地长大，但这一切都被一个不相干的女人带走了，不久母亲也含怨离世。阿林等于失去了一切，仅剩下一方三合院，心里充满了原生家庭哀伤的回忆。于是，他背起行囊到北部打拼，开公交车、大卡车、砂石车，在奋斗不懈的过程中，他认识了他的太太阿杏，两个人靠着努力攒下了一些钱，后回到家乡，在老家三合院旁边，又盖起一栋两层的楼房。

有了三个可爱的孩子后，阿林重新有了家的温暖。但提起那个败家的二妈，阿林依旧生气，如果不是因为她，或许阿林不会年纪轻轻，就成了无依无靠的孤儿。

时间让等待变得不像等待

某天，阿林家门口来了位不速之客。远远看去，是个出家的女尼，佝偻的身子，托着钵，渐渐地走来。阿林是个善良的人，看到出家人，自然热情地招呼。可是走近一看，没想到眼前的女尼，就是当年害父亲败掉了全部家产的二妈。

"阿弥陀佛。"对方开口，向阿林化缘。

阿林的手颤抖着，这么多年来，他时常在梦中想起当年的二妈，想起她带给父亲多少羞辱，带给母亲多少伤害。

"阿弥陀佛。"对方再次开口，向阿林化缘。

阿杏也听到外面的声音了，从厨房里走出来，看见丈夫不寻常的模样，她抬起头看了看眼前的出家人，没多久，就认出了那张时常被阿林看着的照片里的脸孔。

阿杏缓缓地退到客厅，打开抽屉拿出一沓千元钞票，直接递向化缘的出家人。阿林却早一步将钞票接了过来，阿杏转头看向丈夫。阿林将钞票递给了对方。

"阿弥陀佛，善哉善哉。"

六十岁大寿后，又过了几年，阿林接到一个寺庙的来电，告知他：昔日来化缘的那位出家人，那个曾经的二妈，因疾病缠身，已经在寺庙中往生。

阿林和阿杏决定到寺庙里接回二妈的骨灰，安葬到灵骨塔中。回来以后，阿林病了一个月。康复后，阿林说："时间已到，恩怨已了。"

很多无法理解的事情，只是因为时间还没到

阿杏也有她的故事。她在茶田之间出生，是北部新店山上长大的采茶姑娘。由于是女儿身，无法成为农地里的生力军，因此给子女众多的家庭带来了更重的负担。于是，阿杏的父母就将她送给山下一对好心的夫妻收养。这对夫妻没有自己的孩子，便陆续领养了四个小孩。阿杏原本是原生家庭里倒数第二个小女儿，但来到新的家中，却成为三个弟弟妹妹的大姐。

有人说，被领养的小孩是幸福的，能够同时拥有两对父母的

疼爱。然而，在阿杏那个年代，女孩生来是劳碌命。被领养后，她负担了奉养两边父母的责任。

直到跟着阿林回南部落地生根，阿杏才开始为自己的人生做打算。结婚之前，她心里一直有种失去了根的感受，不知道自己真正的家在哪里。不知道为什么，父母明明有好几个女儿，却独独把她给送了出去。

是她不好吗？是她长得不够讨喜吗？为什么父母选择的是她呢？

即便养父母对她很好，但阿杏心里的苦，却从来没有少过。

阿杏六十多岁时，她九十多岁的生母病危，临终前，包括阿杏在内的所有兄弟姐妹，都被召唤回山上。生母躺在病榻上，嘴里呓语着，像是做任何人都无法理解的梦，忽然，她回光返照似的对着阿杏一个人说话："女儿啊，你还在怪我吗？我知道你还在怪我，对不对？"

阿杏忍耐了五十多年的眼泪，在那一瞬间一点儿也不敢流下来，她怕老人家无法一路好走。

"女儿，你不要怪我好吗？你不要再怪我了好吗？"母亲继续呓语。阿杏摇摇头，咬着嘴唇，还是不敢让眼泪掉下来。

母亲望着阿杏喃喃自语，直到双手下垂，失去力气，离开人世。阿杏抓着母亲的手，眼泪在此刻终于再也无法控制。

母亲离世以后，阿杏比丈夫阿林病得更久，身体康复之后，她只说:"原来她还是爱我的。"

阿林和阿杏,是我先生的父母,也是我的公公和婆婆。这十五年来,我看着他们面对原生家庭中最深的遗憾,也陪着他们一起领悟:原来很多事情,不是永远不能明白,也不是永远不能放下,只是时间还没到。

时间还没到,有些事情就只能在那里悬置。曾经,我和婆婆之间也存在严重的婆媳问题,但梳理这些过往的同时,我好像更靠近她了,也更明白她了。

原来,很多没有答案、无法理解的事情,真的只是因为时间还没到。

原来很多事情，不是永远不能明白，
也不是永远不能放下，只是时间还没到。

悬置效应

对于尚未明确的事物，以及还不知道怎么解决的问题，只能先中断对它的起心动念，以免于忧愁和焦虑。等到时机成熟时，这些不明之物就会浮现出来，成为我们对人生的领悟。

在现象学的研究方法中，时常谈到"存而不论"的概念。意思是说，当我们要去探究及解决一个还没有得到答案的问题时，需要先把个人的情绪和既有的假设"放到一个括号中"，仿佛它不存在。

比方说，我们看见一篮黑色的苹果，主观上我们可能会觉得奇怪：为什么苹果会是黑色的？然而，如果我们将这个假设放置到内在一个悬置的空间，先不要去搭理它，搞不好有一天会发现：噢，原来这一篮根本就不是苹果。

这里所谈到的"悬置效应"，便是用这个概念来探讨我们面对负面情绪时，可行的态度与方法。

和情绪对话

有一种沟通是不用沟通。

有一种体贴是不必言说。

有一种善良是把痛苦留给自己。

但如果心里被败坏填满了,

关系也就跟着腐烂了。

30 闷烧锅效应
时候到了，就应该打开

在婚姻市场中被视为热门人选的年轻男子和大他六岁的女人相爱了，女人离过婚，还带着一个小孩。这段爱情从一开始，就非常有默契地在台面下悄悄滋长。

男人很爱这个小孩，将她视为己出，每天陪着女人去学校接孩子，甚至跟着她们一起参加亲子才艺课程。学校老师都不敢相信，付出到这种程度的人居然不是孩子的亲生父亲，所以老师看向男人的眼神，始终怀抱着敬意。家庭聚会时也是如此，孩子自然地跟着男人，亲昵地叫他"爸爸"。男人觉得这样的生活好像也不错，提早进入家庭关系，何尝不是一种幸福？

只是到了假日时，孩子需要规律地回到女人的前夫家。男人开车送她们，会稍稍目睹"那一家人"相聚的短暂片刻，他有种被隔离的感觉。不论自己再怎么付出，孩子仍会将手做的父亲节卡片，送给自己的亲生父亲。当他心里涌起这种感觉时，就会不知不觉地和女人产生争执，吵到最后常常没什么结果，两个人都觉得疲累。

慢慢地，男人学会把话闷在心里，为了保护两人的关系，他不能随便说出真心话。男人越来越容易因为小孩的存在而感到烦躁，但他和女人的相处又那么完美契合，女人仿佛是全世界最懂得怎么爱他的人，如果没有这个孩子，那该有多好。然而，这是不可能发生的。男人陷入死胡同的困境中，一方面想要抽身离开，可实在有太多不舍；另一方面又想要留下，可没办法想象一辈子都活在这种处境中，会有多么恐怖。

男人的脚步逐渐变得沉重，工作时也没办法像以往一般充满激情。男人的背脊不再直挺挺的，一副毫无畏惧的模样，在一个他所爱的人身上，他失去了原有的神采。

不把锅子打开来救自己，是一种自虐

男人告诉我这个故事时，希望我帮忙分析，他现在的心理处境是什么。

我告诉男人，我怎么看待这件事情并不重要，重要的是他怎么解读现在的自己，才是我所关心的。男人想了想，告诉我一个饶富意味的答案："我觉得我的心，被关进了一个焖烧锅，在里头焖啊焖啊，没有瓦斯，也没有人点火，没有任何外力的加热，但我觉得自己的心已经快要被煮熟了。"

听男人形容得活灵活现，我问他："那么是谁把你的心，关进了焖烧锅里呢？"

男人沉默许久，才告诉我，是他自己关进去的。

我问他是怎么办到这件事的？他说："只要你什么都不说，把所有的压力、感受、想法，通通藏在心里，就可以办到这件事了。"

我问男人："这么做有什么好处吗？"

他又想了很久，回答说："这么做，起码不会把别人的心给烤熟。"

我笑了笑，回应男人说："那你真是个好人。"

几天后，男人回来告诉我，他决定把焖烧锅打开了。

我问他怎么下这个决定的。

他说，因为自己的心和食物不一样，心会跳动，会有感受，所以等到他被闷得够痛的时候，人会知道。一个人明明知道自己的心在疼痛，却还置身事外，不把锅子打开来救自己，是一种自虐。对自我来说，这实在太不厚道。

我问男人："那是如何打开这个焖烧锅的呢？"

男人说，这很简单，打开原本闷住的自己，让感受跑出来。感受出来了，心自会引领我们的脚步，去做出一些行动。比方说，他告诉女人，他不想再这样每天都带着小孩，他还年轻，他想要二人世界的生活，就算女人觉得这样很自私、对他感到失望，他也不想再让自己的委屈，消磨掉两人之间的感情。

女人问他，这是要分手的意思吗？对此，我也想知道答案。

男人耸耸肩，说："我不知道，我就是想把话说出来而已。不行吗？"

就只是想把话说出来而已

不行吗？这问题问得好。

只是想把话说出来，并没有想改变什么、争取什么，真的不行吗？这世界上难道没有人，只是为了把话说出来而表达吗？这世界上难道没有一些事情，只是"说"和"听"，然后其实什么也不用做，不用改变吗？

一年后，我又遇到了这个男人。

我问他最近过得怎么样，男人说："我们还在一起。"他笑了笑："问题一点都没有解决，小孩怎么甩都甩不掉，我还是怎么看怎么不舒服，只是现在有什么感觉就会马上说。"

男人告诉我，至少他把以前神采飞扬的自己找回来了，剩下的只能随缘。

再一年后，男人和女人结婚了。喜宴上，男人的结婚感言是："我也不知道我们什么时候会离婚。"新人的父母瞪大了眼睛，白了他一眼，朋友则是哄堂大笑。

我因为深知内情，对他的表达感动不已，心里想的是：这个焖烧锅,开得还真是彻底。

闷烧锅效应

在人我关系中有许多感受,因为不好说,所以大部分的人选择不说,选择把心里的感受闷起来。但若觉察到这些没有说出口的感受已经引起心里的烦躁,就应该鼓起勇气表达,以免对关系造成真正的危害。

自弗洛伊德之后,精神分析领域有许多证据指出,人们会使用"压抑"机制来面对具有创伤或无法解决的事情。

这里谈到的"闷烧锅效应",则延续"压抑"这个概念,探讨在这种状态下,我们应该如何面对与解决。

和情绪对话

我们需要一些仪式，

来画出一个空心的句点。

然后把我放进那片被圈住的空间，

才有哀悼的可能，

重启未完的生命。

31 未完成效应
那些没有句点的遗憾

我在大学教授心理学课程时，必然会留一个需要在期末递交的作业。这个作业活动被我称为"解放遗憾"。从学期初开始，我就要求班上每一位同学，想一想自己人生中那些想做、却一直还没有去做的事情，然后从里面挑选出一项，在这个学期内完成，并且记录完成此事的经过和心得。如果整个学期结束还没办法完成，就要做自我分析，思考背后的困难，以及无法完成的原因。

前些日子，我收到一份作业，内容是这样的：

作业的主人说，她回顾自己人生中想做但不敢做的事情，其中最引发她强烈欲望的，是想要回去见见初恋时甩掉她的情人。因为必须完成这份作业，她鼓起勇气约了初恋男友，对方虽然多有推辞，但还是答应出来和她见面。他们见面的地点是过去时常约会的公园。那天，她比约定时间更早到公园，然后看着熟悉的身影，从远方慢慢地走近。直到对方站定在她面前，话还来不及说，她就甩了对方一巴掌，接着头也不回地离开了。

完成过去尚未完成的，才能够真正地哀悼那些失去的

阅读完这份作业后，我忍不住把作业的主人唤来，想要多了解一下当时的状况。我问写下这份作业的女孩，当她甩了对方一巴掌后，对方的反应是什么。

她说，对方一点反应都没有，愣在当场，眼巴巴地看着她离开了。

我忍不住笑了笑说："喔，这样啊？那或许他知道自己曾经对不起你。"当然，我还是暗自捏了把冷汗，庆幸这份作业最后能顺利画下句点。

我问女孩："甩了对方一巴掌的感觉如何呢？"

她不好意思地说，其实也只是轻轻地打了一下而已，但是感觉"真的很爽"。在这之前，有好几年时间她都郁郁寡欢，体重掉了很多，人也变得十分憔悴，心里对于男友的离去有许多困惑。那天见面，重点倒不是打他的那一巴掌，而是心里悄悄设下了一个仪式，当她挥出手时，仿佛也斩断了过去苦苦纠缠的万缕情丝。

说到这儿，她开始流泪，我则是替她高兴。因为只有她愿意做些什么来完成过去尚未完成的，才能够真正地哀悼那些失去

的；她对于过去的失落有了哀悼，也才会有重新向前走的力量。

这几年，我对于遗憾有了更多不同的想法。

有一种遗憾，是想做什么，但实际上什么也没做的未完成感。比方说，来不及见到亲人最后一面，或者在与情人分手时没有把想说的话都表达出来。

还有一种遗憾是更深层的，是觉得当初自己做错了什么，夹带着深深的懊悔，心里呐喊着"如果可以重来一次，我会……"。这种未完成感更难处理，因为不只是想要把没做到的地方补上，还有想要改变，甚至撕裂过去的渴望。而这种层次的遗憾，更容易给我们带来无意识的自我惩罚。

面对"后悔"的情绪，我们需要的是"重新整理"

娜娜十六岁那年，觉得父母管教她太严格，因此亲子之间多有摩擦。娜娜在家里时常感到孤单，便上聊天室结交了几位网友。

某天，她和父母大吵之后，一位平常相谈甚欢的男性网友，说要约她出来给她解闷。娜娜心情实在太差了，没有想太多，晚上偷偷跑出去和网友碰面，结果被网友和他的朋友们带到荒郊野外实施了性侵。事后，网友威胁娜娜，不可以把这件事说出去。回家以后，娜娜把自己的身体洗了又洗，但怎么都洗不掉那种烙印在骨子里的耻辱感。后来，娜娜把一头长发剪掉，从此不再做女性装扮。一直到现在。

娜娜说起此事时，语气冷冷的，反应也冷冷的。但我可以想象，她心里装了多少的后悔。

"后悔"这种情绪最致命的杀伤力，在于我们往往将这种复杂的感受，压抑进情绪的最底层。改变不了过去的无力感，转成一种无意识的自我惩罚——就像娜娜从此不愿再留长头发，也不愿再穿女装，她还抛弃了自己最喜欢的粉红色，觉得这种颜色太女人了，"很恶心"。但我想，娜娜这句话背后的意思是：她自己太女人的那一面，很恶心。

经过许久的聆听与陪伴，娜娜才开始穿越愤怒，看见自己心底的后悔。她后悔自己不该和父母怄气，不该瞒着父母偷偷跑出去，不该信任没有见过面的网友，不该真的连报警也没有，不该就这样放过他们，不该任他们逍遥法外……层层叠叠后悔的情绪，逐渐堆成无处可说的困境。

"说吧，说吧。"我拍拍娜娜的肩膀。

当我们陷入后悔的情绪时，很容易因为说了也没有用、说了也无法改变过去而选择封闭，让身心能量卡在无法完成的情绪里，这样生活当然不会好过。

然而，面对"后悔"的情绪，我们需要的是"重新整理"，整理当时的自己为何这么做，为何不那么做；觉察过去的自己是个什么样的人，面临怎样的无可奈何。把那些细节看清楚了，才知道哪里有可以成长的空间，才知道现在的自己拥有什么过去没有的资源。

面对遗憾，我们可以将那些未完成的部分补上，然后放下；我们也可以选择继续带着那些未完成、无法完成的部分，通过对它们的重新整理，来开始新的人生。

未完成效应

当某些事件中存在着我们心里未被满足的需求时，我们便难以退回记忆的数据库，这些事件也转变成阻碍我们身心的能量。情绪的任务，就是帮助我们辨识出这些事件，并用适当的方式来完成它。

在心理咨询师理论中，"未竟事务"主要是由完形心理学取向提出的，用"形象"与"背景"的概念，来说明我们心中没有放下的人、事、物。

完形心理学认为，那些未完成的事物，会在我们内心形成一股未满足的需求与能量，也成为我们内在关注的焦点，亦是突显在心灵深处的"形象"。若这种需求一直没有被完成，能量便一直卡在那里，阻碍我们与当下的实际互动，此时此刻发生的事则因为这种阻碍，退到心灵的"背景"之后，不被我们所关注。换句话说，当过去的某些心结未被完成时，我们就难以活在当下。

　　这里所谈到的"未完成效应"，即是讨论在这种状况下，我们可以做些什么，来让未完成的得以完成。

和情绪对话

忧郁从心口上的破洞洒了进来。

轻飘飘地,

以指数型的速度成长,

直到堵住我赖以维生的小孔。

32 浮萍效应
不理会的忧郁，终将积累成疾

有一段时间，我注意到自己变得特别容易流眼泪。看电影的时候哭，上班的途中听到广播有所触动也哭，下班后更是会莫名地想掉几滴泪。我想起一位精神科医师曾经说，这种感觉就像胸口被一只蝙蝠占据了，它在那片黑暗中拍拍翅膀，你能强烈地感觉到它的存在，却不知道该如何形容它，更不知道该如何把它请出来。你感觉自己做事提不起劲，反应变得迟钝，想要吃东西和睡觉，或者不想吃东西和睡觉。你觉得自己的生活不一样了。

看见太阳，你不再感觉世界充满希望；黑夜降临，你则仿佛与它融为一体。是的，这种感觉就是忧郁。

拿掉"忧郁症"的最后一个字，忧郁变成一种普遍存在于我们情绪底层的色调。它是一个我们随便翻个身就可能跑出来的颜色，可重点是，你能不能看见那色彩的迷雾背后，画的究竟是什么。

说出来，看见我们身陷迷雾的起源

阿清是一位认真工作的上班族，活到三十多岁了从来没有交过女朋友。同事曾经给他介绍过女朋友，但被介绍的女生大多评论阿清"太过老实木讷，相处起来没什么感觉"。时光蹉跎，周围的朋友陆续成了家，阿清还是没能遇到他的真命天女。

某天，阿清收到一条陌生的手机信息，对方仿佛与他十分熟悉，但他却想不起来这是哪位朋友。于是阿清回拨电话，电话那边传来一个清脆的女声，聊了一会儿，才发现原来对方传错了信息，但因缘际会，阿清却由此认识了这个名叫妙妙的女孩。

妙妙个性开朗，即便是初次通话，却能和阿清聊上三个小时，阿清从没与女性如此亲近过，心里暗自对妙妙产生好感。妙妙也留意到阿清的情愫，日后常常打电话来陪阿清聊天，虽然电话中大多是妙妙说、阿清听，但两人越聊越近，终于相约见面。见面第一天，妙妙就主动拉了阿清的手，阿清听到自己强烈的心跳声，他恋爱了。

阿清和妙妙开始交往，可是除了牵手以外，每当阿清想更进一步亲近妙妙，她总是会躲开。阿清问妙妙是不是有什么顾虑。妙妙回答，自己家里有卧病在床的老父，所以总要为了父亲的医药费打好几份工，只要想起受苦的父亲，她就无法开心地与阿清谈恋爱。阿清天性单纯又善良，听到妙妙经济有困难，马上询问妙妙是否需要帮忙。

妙妙在半推半就下，向阿清借了一百万。这是阿清辛苦多年攒下来的血汗钱，妙妙说等父亲病好，一定要和阿清结婚。只是当阿清把款项领出来拿给妙妙后，这个女孩就人间蒸发了。

阿清失恋了，连带失去了所有积蓄。他更认真地投入工作，忙到几乎在公司里打地铺，只想把失去的钱赚回来。大家都感受到阿清的异样，但有人问起，他都坚持说自己没事。终于有一天，阿清累倒了，被送进医院，与他最亲近的同事来看他，他才将这段惨痛的恋爱经历说了出来。

后来，阿清被转诊到身心科，通过与医师的谈话，他整理了自己这段时日以来所受的委屈。

最后阿清决定报警，纵然钱可能拿不回来了，但他得为自己做点什么，阿清觉得只有这样自己或许才有能力跳离那段不堪的回忆。

在你为自己做些什么的那一刻，重新找回能量

不论人生有多么顺遂，我们总会遇上几个阻碍的巨石。有些是从高处滚落下来的石头，还来不及看清楚就砸得你头破血流；有些则是硬生生地挡住你必经的道路，怎么搬也搬不走。我们困在这些处境中，压力逼出了我们内心深处的忧郁，将眼前的世界绘成一片深蓝，蓝得好像看不见尽头，挡住了原本清晰的人生

方向。

我也有过阿清的低落，或许你的身上也曾经有过。虽然我们低落的原因可能大不相同，但灰心沮丧的感受却总是相仿，最后也常常是类似的结局：说出来事实，重新整理，看见我们身陷迷雾的起源，然后做些什么，让自己可以重新找回能量。

多晒太阳、多运动这些放松的方式对我们都有帮助，但我更相信"解铃还须系铃人"，所以不要轻易放弃自己表达的权利，否则低落的状况持续超过两年，就会逐渐累积成心理上的疾病。要知道，这种后天发生的事件，我们是有机会找到源头，并能够试着为自己做些什么的。

做些什么，事情不见得就能重来，就能有所改变，也不见得能让你回到当初的心态；但在你为自己做些什么的那一刻，你起码可以开始重新找回能量。觉察与行动，总是带给我们力量。

觉察是什么？觉察是一种自我整理，当你自我整理够清楚时，就会知道自己真心想说、想做的是什么，知道怎么做自己才可以问心无愧。然后，觉察后的行动会让你如释重负。

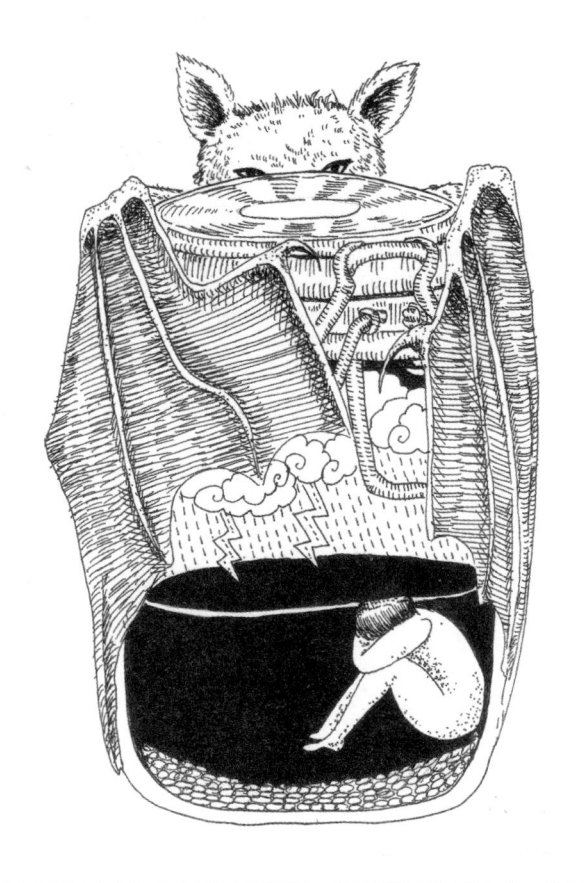

压力逼出了我们内心深处的忧郁,将眼前的世界绘成一片深蓝。
试着为自己做些什么,因为觉察与行动,总是带给我们力量。

浮萍效应

如果我们太轻视忧郁的破坏性，或是放任自己心情低落而不理睬，直到危机突然来袭时才有所意识，可能为时已晚。

"浮萍效应"最早的概念是：当池塘中出现了几片浮萍时，最初根本没人注意，但由于浮萍是以倍速成长的，等到大家开始注意时，池塘往往已经长满了整片浮萍。这个概念原是提醒人们防微杜渐、防患于未然，在这里则引用"浮萍效应"来谈论忧郁的破坏性。

和情绪对话

我和你和我和他之间,
一条轨道无声穿梭。
火车隆隆地过,钻进我的感觉,
扬起漫天沙尘,蒙住心的视线。
嘿,你在哪里而他又在哪里呀?
那不重要。火车说。
重要的是,我在哪里?

33 时光机效应
明白情绪往往不只是当下感受而已

天气逐渐炎热，野外的飞蚊追逐着光亮堂而皇之地进入室内，在黑暗中寻找散发热气的人类肢体。

夜半的卧房里，睡在我身边的先生总是起身灭蚊的那位。或许因为他是夏天生，体内的热气对飞蚊而言有一种致命的吸引力。蚊子总环绕着他伺机而动，或在他耳边嗡嗡作响，或瞥见缝隙在他身上钻出几处红肿。

我先生的感官向来敏感，深眠中亦能感觉到蚊子如大敌般进攻。他经常"啪"的一声打开灯，一双利眼盯着偌大的空间，想要揪出扰人清梦的"凶手"。

我和周公交情甚深，即便飞蚊在我耳边嗡嗡呼唤，我总是用手脚拉直被子，掩住自己的双耳和身体就算了，不想因此牺牲半点休眠时间。但是当房内灯光大亮时，身旁"杀气腾腾"的他让我不安于梦，就算是脑袋如铅般重，心灵深处却会产生一种应该起身和他"共同杀敌"的自我要求。

好像只有这么做，对方才能知道我的重视

几次我晃着脑袋离开床铺，没走几步就双眼发黑，勉强自己表现出强大的战斗力（和假动作），撑着眼皮帮忙搜寻蚊子的踪影：四方墙壁、高耸的天花板、窗帘、衣物……那狡诈的小黑点却隐没在我们看不见的暗处。功败垂成，关灯，嗡嗡响声又起。于是开灯，又关灯，再开灯……

我先生意志坚决，誓不杀蚊不罢休，我则满心彷徨，只盼灯光快快熄去让我重回周公怀抱，又因深知飞蚊叮咬的目标大多是身旁那位，制止灭蚊行动似是背叛，独自睡去又仿佛自私不已。

一种恼人的纠结感，让我睡也不是，不睡也不是；直到天露曙光，只能心有不甘地离开睡床，对其实没有叮咬我的飞蚊感到生气。

这样的"夫妻互动"维持了好一阵子，直到近两年，我更加懂得了"情绪背后必有脉络可循"的道理。于是每当这样的夜晚过后，清晨揽镜梳洗时，我都会回顾前一晚我与他（和蚊子）的互动，让每一个动作和语句在大脑中过一遍：他做了什么，我做了什么。我的感受是什么，我的想法是什么，我的担心是什么，我的开心与不愉快是什么……

我发现自己过于重视人与人之间的关怀与理解：就算是身体

疲累，也要逼着自己离开床铺来"给出"关怀；就算昏睡中已语无伦次，也要强迫自己吐出几句关心来"表示"理解。

这是一种耗费力气的自动化行为，好像只有这么做，对方才能知道我的重视；只有这样用力地表达重视，对方才会感受到我的爱；又好像只有这么做、这么说，自己才有机会获得对方的爱与重视。然而，这种心理负担是从哪里学来的呢？

仿造童年时母亲爱我的方式

我突然想起自己的母亲，想起她对我们的付出，想起年幼时，如果深夜的卧房里有蚊子，母亲一定是不顾己地起身扑蚊而让我睡觉。

有趣的是，母亲的付出并没有把我养成一个能安稳睡觉的人。成年后的我遇到相似的情况，总是选择起身陪伴对方一同向蚊子"宣战"，即便枕边人其实是为他自己扑蚊，而不是为我。

我仿佛坐上时光机，仿造着童年时母亲爱我的方式。藏在心里的真心话却是："哎呦，别管了，赶紧睡吧！"

或许这句话，是我童年时就想对母亲说的。然而，对于那份为了子女的心意，我怎忍心用这种无情话语来泼她冷水呢？

发现这点以后，我心里升起了对母亲的敬意与感激。这时，我才理解她在我身上耗费了多少心力。但成年后的我，常常对这些是不领情的。我常用理智上的逻辑，去分析母亲的这些行为对我的性格造成多少负面影响，却很少用心去感受，这些举动是一个内在充满母性关爱的人，多么努力才能造就的奇迹。

在母亲如此"缜密"的教养下，被束缚的感觉固然少不了。但我盲目地忽视了用自己童年的自由所换来的成年后的许多好处，甚至常常忘记自己已经长大，可以成为自己想要的大人模样。

觉察之后，我开始学着尊重自己的心意，鲜少在夜半时分勉强起身陪伴侣打蚊子，眼皮也好像逐渐适应开关的灯光。我可以和身旁的怒气共存，继续安稳地和我的周公打交道。等到早晨的阳光唤醒我时，我可以用饱满的精神，听他诉说昨晚的蚊子有多么可恶。

我的内在有我的过去和我的想象，我的外在有我的需要和我的现实；同时我知道他的内在也有他的想象，而他的外在有他当下的现实。

我们同在一个房间里，学习成为符合现在年纪的，我们自己。

时光机效应

通过对成年的人际关系和童年的家庭关系中，雷同感受的觉察，来强化现在自我与过去自我之间的联结。

一般来说，最早关注于童年经历对成年后性格影响的，大概就是精神分析的创始人弗洛伊德。弗洛伊德曾经提过"六岁定终身"，意思就是那些被潜抑的创伤经历，发生的时间越早对人日后的影响越大。

近年的心理治疗理论开始对此观点有了修正，结构派家庭治疗的创始人萨尔瓦多·米纽庆（Salvador Minuchin）在这几年所发表的研究中认为，我们若想理解自己在关系中的行为互动模式从何而来，只要对童年经历进行"焦点式的探索"就可以了。亦即，对关系互动中出现问题的行为模式，进行脉络性的了解，明白这些行为模式对自我的意义，自然能够产生看待问题的不同观点，进而解决有问题的互动。

这里谈到的"时光机效应"，涵盖了弗洛伊德"童年经验对成年生活的影响"，以及米纽庆"对导致困扰的互动模式进行过去经验的焦点式探索"，然后把时间轴拉到现在，做出最贴近当下自我的选择。

和情绪对话

当你选择相信,相信将带来肯定,
肯定激发你变得坚强,
你的坚强让你兑现了你的相信。
当你选择怀疑,怀疑将带来犹豫,
犹豫促使你袖手旁观,
袖手旁观让你实现了你的怀疑。

34 涟漪效应
心怀一份感恩，好事也跟着发生

每个人的个性中，都有外人所不知的棱棱角角。个性别扭的我，常常因为性格中的别扭，闹出许多连自己都觉得有趣的笑话。旁人看了会觉得奇怪，不理解其中的症结在哪里，或许只有身在其中的人才明白，某些内心纠结的关卡，真的不是轻易就能跨过去的。

这里头到底出了什么问题呢？为何对大部分人来说能简单做到的事情，对某些人而言却是如此困难呢？

有了错误设定的一段关系，便无法自在地与对方相处

决定和我先生结婚的那年，我年纪还轻，正在研究所里修学分。为了方便工作和念书，我们在学校附近租了一间大套房，和一对也是年轻夫妻的房东同住。

在这里要特别说一下，我的房东先生和太太，人都非常好，既随和又好相处，常常在家里煮一些美食，让忙碌的我们不用天天在外面吃。但是，和他们同住的这一年，我心里一直藏着一个秘密，至今都不曾让他们知道。

这是一个关于洗衣服的故事。我的房东因为平日也上班，回家后亦是身心疲累，处于想要好好放松的状态，所以跟我在老家时有一个相同的习惯：把衣服放进洗衣机，接着开始做自己的事情，然后就忘了衣服还泡在洗衣机里。有时，他们的衣服会在洗衣机里放上好几天，这样一来，就会遇到我也想洗衣服的时候。

我曾经几次在演讲时，问现场的朋友这个问题：如果你们遇到这种状况，会怎么办？

有些朋友觉得我这个问题很奇怪，跟房东说一声不就好了吗？不然，把他们的衣服拿起来放在旁边不就好了吗？这有什么好困扰的？

告诉你们，我超困扰的，第一次遇上这个问题，我想了三天才想到要怎么处理。

首先，我找了一个房东还在上班的时间，打开洗衣机，量好里头的衣物所在的水位，以及水面上残存的泡泡量。接着把水里的衣物按照原本混乱的模样打捞上来，暂放在旁边水桶里。然后把自己的衣服丢进洗衣机快速清洗，脱水后赶快打捞上来，再把房东的衣服放回洗衣机，把水位和残存的泡泡复原。完工。

我用这种方式洗衣服洗了一年，直到搬家，房东都不知道我这么做。

"为什么要搞得这么麻烦呢？干吗拿起来还要放回去？"

"请房东赶快洗一洗不就好了？"

讲座上和听众分享时，大家七嘴八舌地出主意。偶尔，才会遇上几位和我一样纠结的朋友，用同理的眼光水汪汪地看着我。

从原生家庭找回一些美好，对人生有难以想象的修复作用

是什么东西卡住了呢？我努力回溯记忆中没办法言行一致、心口合一的自己。

我想起小时候早晨的餐桌上，每天固定摆着一杯克宁牛奶，打进一个生鸡蛋，这种吃法对我而言腥臭无比，却是母亲眼里营养的佳肴。但不知为何，当时的我就是不敢提出质疑，或许觉得自己说了也没用，抑或觉得说出感受会造成对母亲的不敬。于是，我总是趁着母亲上楼换衣服时，偷偷把牛奶倒进水槽，然后赶快把水槽底部的残渣清理干净，等母亲下楼时，再装出一副刚喝完牛奶的模样。我用这种方式迎合母亲，而它也成了我成年以后的重要生存法则。

刚成为心理专业人员的前几年，这段童年回忆在我心里苏醒，让我将自己与房东相处的行为模式，与对待母亲的方式相互联结。我开始怪罪母亲，认为她或许就是我别扭行为的主要来源。

然而，等我更年长一点，却发现自己将这两者建立联结的逻辑，根本是有问题的。

首先，房东太太身上其实没有任何与我母亲相似的特质；其次，我不自觉地将房东摆在高自己一等的位置，所以完全无法与他们建立正常的平等关系。

搬出房东家以后我才逐渐明白，如果在一段关系的开始，就有了这样错误的设定，那我们当然无法自在地与对方相处。出现这种情况不见得是因为对方做了什么，而是我们心里缺乏信任关系的基础。

这就是为什么我总要鼓励大家回头去解决与父母的问题。从我的经验来看，如果我们能够从原本觉得伤痕累累的原生家庭中，重新找回一些美好，那对我们未来的人生，将有难以想象的修复作用。

换句话说，倘若我们让自己的内心停留在幼年的经历中，小时候的挫败便会扩散为成年的挫败，甚至扩散成一辈子的失败。因为我们这么定义自己，我们的人生就会产生一波推动一波的涟漪效应。

自从我向母亲表达了克宁牛奶加生鸡蛋的心情后，这几年来，我看见母亲开始留意我的饮食喜好。有一阵子，我很喜欢吃某家西点面包店中，小小的圆圆的奶油夹心饼干，而且偏好草莓口味。于是我家的桌上，就常常放着母亲送来的同款糕点。

只是草莓饼干带来的涟漪效应，让我好不容易减去的体重，又逐渐胖了回来。没关系，我安慰自己，这是涟漪效应下的"幸福肥"。

涟漪效应

情绪就像病毒，会无意识地在人与人之间传递。同样的，不论是正面情绪或负面情绪，也会在我们自己的内在心智与外在环境之间相互传递。对自己的定义，影响我们如何面对这个世界；对家庭的定义，影响我们如何看待关系。

罗吉斯将"现象学"的概念应用在人本取向的心理治疗实务中。现象学概念，谈论的是，内在主观如何影响我们对外在刺激的解读；而人本取向心理治疗的观点，又认为外在环境的好坏会影响我们主观上的认定。综合这样的讨论，我们会发现，"内心世界"与"外在环境"本来就是一个交互作用的历程。

这里所提到的"涟漪效应"，即延续这个整合概念而来，探讨我们如何发现外在环境的正向因素，并将其作为内心正向情绪的基础，持续不断地将负面情绪向正面提升。

重建安全感，可以做的八件事

1. 拥抱你自己。即使没有人拥抱你，你也要知道，房间里的哪个枕头让你抱起来最舒服。

2. 凝视你自己。从镜子看进你的瞳孔。理解、接纳、包容藏在深处的你和你的心灵。

3. 寻找一个可以信任、可以说话的人。你可以不要一下说太多，但却不能不去尝试，怀抱愿意相信别人的希望。

4. 寻找一个属于你的安全基地。这个安全基地可能是山里，可能是海边，可能是城市里的任何一个角落，你会明白，在自己脆弱时，不是没有地方可以去。

5. 知道自己渴望的、带有慰藉功能的饮食。平常不需要多吃，状况不好的时候，一吃就想要落泪。每个人的生命中都该存在这样的奇幻食物。

6. 理解自己的缺乏与失落。不要排斥过去不愉快的经验与回忆，理解那些，就等于更贴近你自己。

7. 跨出哀悼的行动。有些东西，不管再怎么渴望，这辈子或许就是不可能拥有。找个哀悼的仪式，让人生有新的可能、新的渴望。

8. 做些你想做但不曾去做的事情。你会明白，虽然无法改变过去，但每个人都有资格创造并拥有一个新的人生。

人的心中仿佛一直有一片荒芜的夜地，留给那个幽暗又寂寞的自我。

——弗洛伊德——